KB111192

적중 TOP

수렵면허

기출 유형별 핵심 총정리

1. 관련근거

「야생물보호 및 관리에 관한법률」 제45조 및 동법시행령 제32조, 동법시행규칙 제56조

2. 응시자격

① 소재지에 관계없이 응시가능
② 시험일 현재 「야생생물 보호 및 관리에 관한 법률」 제46조의 규정에 의한 아래 결격사유에 해당하지 않는 자
  • 미성년자
  • 심신상실자
  • 「정신건강증진 및 정신질환자 복지서비스 지원에 관한 법률」 제3조제1호에 따른 정신질환자
  • 「마약류 관리에 관한 법률」제2조 제1호에 따른 마약류중독자
  • 관련법을 위반하여 금고 이상의 실형을 선고받고 그 집행이 끝나거나 (집행이 끝난 것으로 보는 경우를 포함한다) 집행이 면제된 날부터 2년이 지나지 아니한 사람
  • 관련법을 위반하여 금고 이상의 형의 집행유예를 선고받고 그 유예 기간 중에 있는 사람
  • 수렵면허가 취소된 날부터 1년이 지나지 아니한 사람
  * 응시자격이 없는 사람이 합격한 경우는 합격을 취소함.

3. 시험과목

① 수렵에 관한 법령 및 수렵의 절차 - 20문항
② 야생 동물의 보호관리에 관한 사항 - 20문항
③ 수렵도구의 사용방법 - 20문항
④ 안전사고예방 및 응급조치에 관한 사항 - 20문항

4. 합격기준

매 과목 만점의 40% 이상, 전과목 총점의 60% 이상 득점한 자

5. 시험실시

연2회(상·하반기)

CONTENTS　수렵면허기출유형별핵심총정리 차례

수·렵·면·허 기출 유형별 핵심 총정리

01

수렵에 관한 법령 및

수렵의 절차

01 야생생물 보호 및 관리에 관한 법률

핵심유형
01 야생생물 보호 및 관리에 관한 법률의 목적(법 제1조)*

(1) 야생생물과 그 서식환경을 체계적으로 보호 · 관리 2019년 출제

(2) 야생생물의 멸종을 예방하고, 생물의 다양성을 증진시켜 생태계의 균형을 유지

(3) 사람과 야생생물이 공존하는 건전한 자연환경을 확보

핵심유형 익히기
01 야생생물 보호 및 관리에 관한 법률의 목적으로 틀린 것을 고르면?

① 야생생물과 그 서식환경을 체계적으로 보호·관리
② 생물의 다양성을 증진
③ 사람과 야생생물이 공존하는 건전한 자연환경을 확보
④ 야생생물의 활용을 도모

■④

핵심유형
02 야생생물 보호 및 관리에 관한 용어의 정의(법 제2조)*****

(1) 야생생물

산 · 들 또는 강 등 자연상태에서 서식하거나 자생하는 동물, 식물, 균류 · 지의류, 원생생물 및 원핵생물의 종

(2) 멸종위기 야생생물

관계 중앙행정기관의 장과 협의하여 환경부령으로 정함(시행규칙 [별표 1]) 2019년 출제

① 멸종위기 야생생물 Ⅰ급 : 자연적 또는 인위적 위협요인으로 개체수가 크게 줄어들어 멸종위기에 처한 야생생물로서 대통령령으로 정하는 기준에 해당하는 종

㉠ 멸종위기 야생생물 Ⅰ급 포유류 : 늑대, 대륙사슴, 반달가슴곰, 붉은박쥐, 사향노

루, 산양, 수달, 스라소니, 여우, 작은관코박쥐, 표범, 호랑이 2019년출제

    ⓒ 멸종위기 야생생물 Ⅰ급 조류 : 검독수리, 넓적부리도요, 노랑부리백로, 두루미, 매, 먹황새, 저어새, 참수리, 청다리도요사촌, 크낙새, 호사비오리, 흑고니, 황새, 흰꼬리수리

② **멸종위기 야생생물 Ⅱ급** : 자연적 또는 인위적 위협요인으로 개체수가 크게 줄어들고 있어 현재의 위협요인이 제거되거나 완화되지 아니할 경우 가까운 장래에 멸종위기에 처할 우려가 있는 야생생물로서 대통령령으로 정하는 기준에 해당하는 종

    ㉠ 멸종위기 야생생물 Ⅱ급 포유류 : 담비, 무산쇠족제비, 물개, 물범, 삵, 큰바다사자, 토끼박쥐, 하늘다람쥐

    ⓒ 멸종위기 야생생물 Ⅱ급 조류 : 개리, 검은머리갈매기, 검은머리물떼새, 검은머리촉새, 검은목두루미, 고니, 고대갈매기, 긴꼬리딱새, 긴점박이올빼미, 까막딱다구리, 노랑부리저어새, 느시, 독수리, 따오기, 뜸부기, 무당새, 물수리, 벌매, 붉은배새매, 붉은어깨도요, 붉은해오라기, 뿔쇠오리, 뿔종다리, 새매, 새호리기, 섬개개비, 솔개, 쇠검은머리쑥새, 수리부엉이, 알락개구리매, 알락꼬리마도요, 양비둘기, 올빼미, 재두루미, 잿빛개구리매, 조롱이, 참매, 큰고니, 큰기러기, 큰덤불해오라기, 큰말똥가리, 팔색조, 항라머리검독수리, 흑기러기, 흑두루미, 흑비둘기, 흰목물떼새, 흰이마기러기, 흰죽지수리

(3) **국제적 멸종위기종** : 환경부장관이 고시

① 멸종위기에 처한 종 중 국제거래로 영향을 받거나 받을 수 있는 종으로서 멸종위기종 국제거래협약의 부속서 Ⅰ에서 정한 것

② 현재 멸종위기에 처하여 있지는 아니하나 국제거래를 엄격하게 규제하지 아니할 경우 멸종위기에 처할 수 있는 종과 멸종위기에 처한 종의 거래를 효과적으로 통제하기 위하여 규제를 하여야 하는 그 밖의 종으로서 멸종위기종국제거래협약의 부속서 Ⅱ에서 정한 것

③ 멸종위기종국제거래협약의 당사국이 이용을 제한할 목적으로 자기 나라의 관할권에서 규제를 받아야 하는 것으로 확인하고 국제거래 규제를 위하여 다른 당사국의 협력이 필요하다고 판단한 종으로서 멸종위기종국제거래협약의 부속서 Ⅲ에서 정한 것

(4) **유해야생동물**(시행규칙 [별표 3])*****

① 유해야생동물의 정의 : 사람의 생명이나 재산에 피해를 주는 야생동물로서 환경부령으로 정하는 종 2019년출제

② **유해야생동물의 종류** 2019년 출제

  ㉠ 장기간에 걸쳐 무리를 지어 농작물 또는 과수에 피해를 주는 참새, 까치, 어치, 직박구리, 까마귀, 갈까마귀, 떼까마귀

  ㉡ 일부 지역에 서식밀도가 너무 높아 농·림·수산업에 피해를 주는 꿩, 멧비둘기, 고라니, 멧돼지, 청설모, 두더지, 쥐류 및 오리류(오리류 중 원앙이, 원앙사촌, 황오리, 알락쇠오리, 호사비오리, 뿔쇠오리, 붉은가슴흰죽지는 제외)

  ㉢ 비행장 주변에 출현하여 항공기 또는 특수건조물에 피해를 주거나, 군 작전에 지장을 주는 조수류(멸종위기 야생동물은 제외)

  ㉣ 인가 주변에 출현하여 인명·가축에 위해를 주거나 위해 발생의 우려가 있는 멧돼지 및 맹수류(멸종위기 야생동물은 제외)

  ㉤ 분묘를 훼손하는 멧돼지

  ㉥ 전주 등 전력시설에 피해를 주는 까치

  ㉦ 일부 지역에 서식밀도가 너무 높아 분변 및 털 날림 등으로 문화재 훼손이나 건물 부식 등의 재산상 피해를 주거나 생활에 피해를 주는 집비둘기

(5) 인공증식

야생생물을 일정한 장소 또는 시설에서 사육·양식 또는 증식하는 것

(6) 생물자원

사람을 위하여 가치가 있거나 실제적 또는 잠재적 용도가 있는 유전자원, 생물체, 생물체의 부분, 개체군 또는 생물의 구성요소

핵심유형 익히기

02 다음 보기 중 멸종위기 야생생물 II급 포유류에 속하지 않은 것은?

  ① 하늘다람쥐   ② 사향노루

  ③ 삵   ④ 담비   ■ ②

03 '야생생물 보호 및 관리에 관한 법률'에서의 '야생생물' 정의로 옳은 것은?

  ① 사람의 생명이나 재산에 피해를 주는 야생동물로서 환경부령으로 정하는 종(種)을 말한다.

  ② 산·들 또는 강 등 자연상태에서 서식하거나 자생(自生)하는 동물, 식물, 균류·지의류(地衣類), 원생생물 및 원핵생물의 종(種)을 말한다.

③ 사람을 위하여 가치가 있거나 실제적 또는 잠재적 용도가 있는 유전자원, 생물체, 생물체의 부분, 개체군 또는 생물의 구성요소를 말한다.

④ 일정한 장소 또는 시설에서 사육·양식 또는 증식하는 생물을 말한다.　　■②

4 다음 중 멸종위기 야생생물의 지정기준으로 옳은 것은?

① 국민이 관심 있게 지켜보고 있는 종(種)

② 개체 또는 개체군 수가 일정 상태를 유지하고 있는 종(種)

③ 생물의 지속적인 생존 또는 번식에 영향을 주는 자연적, 인위적 요인 등으로 인하여 가까운 장래에 멸종위기에 처할 우려가 있는 종(種)

④ 분포지역이 다양하고 서식지 또는 생육지가 양호한 종(種)　　■③

5 대한민국 환경부령에서의 '멸종위기 야생생물 Ⅰ급' 정의로 옳은 것은?

① 자연적 또는 인위적 위협요인으로 개체수가 크게 줄어들고 있어 현재의 위협요인이 제거되거나 완화되지 아니할 경우 가까운 장래에 멸종위기에 처할 우려가 있는 야생생물

② 현재 멸종위기에 처하여 있지는 아니하나 국제거래를 엄격하게 규제하지 아니할 경우 멸종위기에 처할 수 있는 종과 멸종위기에 처한 종의 거래를 효과적으로 통제하기 위해 규제를 하여야 하는 그 밖의 종

③ 멸종위기에 처한 종 중 국제거래로 영향을 받거나 받을 수 있는 종

④ 자연적 또는 인위적 위협요인으로 개체수가 크게 줄어 멸종위기에 처한 야생생물로서 대통령령으로 정하는 기준에 해당하는 종　　■④

6 대한민국 환경부령에서의 '멸종위기 야생생물 Ⅱ급' 정의로 옳은 것은?

① 자연적 또는 인위적 위협요인으로 개체수가 크게 줄어들고 있어 현재의 위협요인이 제거되거나 완화되지 아니할 경우 가까운 장래에 멸종위기에 처할 우려가 있는 야생생물

② 자연적 또는 인위적 위협요인으로 개체수가 크게 줄어들어 멸종위기에 처한 야생생물로서 대통령령으로 정하는 기준에 해당하는 종

③ 현재 멸종위기에 처하여 있지는 않으나 국제거래를 엄격하게 규제하지 아니할 경우 멸종위기에 처할 수 있는 종과 멸종위기에 처한 종의 거래를 효과적으로 통제하기 위하여 규제를 하여야 하는 그 밖의 종

④ 멸종위기종국제거래협약의 당사국이 이용을 제한할 목적으로 자기나라의 관할권에서 규제를 받아야 하는 것으로 확인하고 국제거래 규제를 위하여 다른 당사국의 협력이 필요하다고 판단한 종　　■①

07 다음 중 '멸종위기 야생생물 I급'끼리 연결된 것을 고르면?

① 남생이-반달가슴곰-흰꼬리수리   ② 노랑부리백로-붉은박쥐-미호종개

③ 흰수마자-검독수리-금개구리   ④ 구렁이-팔색조-저어새   ■②

08 다음 중 "유해야생동물"에 대한 내용으로 옳은 것은?

① 사람의 생명이나 재산에 피해를 주는 야생동물로서 환경부령으로 정하는 종

② 자연적 또는 인위적 위협요인으로 개체수가 크게 줄어들어 멸종위기에 처한 야생
생물로서 대통령령으로 정하는 기준에 해당하는 종

③ 사람의 생명이나 재산에 피해를 주는 야생동물로서 대통령령으로 정하는 종

④ 자연적 또는 인위적 위협요인으로 개체수가 크게 줄어들고 있어 현재의 위협요인
이 제거되거나 완화되지 아니할 경우 가까운 장래에 멸종위기에 처할 우려가 있는
야생생물   ■①

09 다음 중 유해야생동물에 해당하지 않는 것은?

① 전주에 둥지를 틀어 피해를 주는 까치

② 건물 부식 등 재산 및 생활에 피해를 주는 집비둘기

③ 국부적으로 서식밀도가 과밀하여 농·림·수산업에 피해는 주는 원앙

④ 무리를 지어 농작물 또는 과수에 피해를 주는 참새   ■③

10 다음 중 '야생생물 보호 및 관리에 관한 법률'에서 '인공증식'의 정의로 옳은 것은?

① 야생생물을 일정한 장소 또는 시설에서 사육·양식 또는 증식하는 것을 말한다.

② 산·들 또는 강 등 자연상태에서 서식하거나 자생(自生)하는 동물, 식물, 균류·지의
류(地衣類), 원생생물 및 원핵생물의 종(種)을 말한다.

③ 사람의 생명이나 재산에 피해를 주는 야생동물로서 환경부령으로 정하는 종(種)을
말한다.

④ 기존의 자연환경과 유사한 기능을 수행하거나 보완적인 기능을 수행하도록 하기
위하여 조성하는 것을 말한다.   ■①

11 다음 중 '야생생물 보호 및 관리에 관한 법률'에서 유해야생동물로 옳은 것은?

① 다른 야생동물을 포식하거나 해치는 야생동물

② 국제적으로 공인된 유해야생동물

③ 혐오감을 주는 야생동물

④ 사람의 생명이나 재산에 피해를 주는 야생동물   ■④

03 야생생물 보호 및 이용의 기본원칙/국가 등의 책무

(1) 야생생물 보호 및 이용의 기본원칙(법 제3조) 2019년 출제

① 야생생물은 현세대와 미래세대의 공동자산임을 인식하고 현세대는 야생생물과 그 서식환경을 적극 보호하여 그 혜택이 미래세대에게 돌아갈 수 있도록 하여야 한다.

② 야생생물과 그 서식지를 효과적으로 보호하여 야생생물이 멸종되지 아니하고 생태계의 균형이 유지되도록 하여야 한다.

③ 국가, 지방자치단체 및 국민이 야생생물을 이용할 때에는 야생생물이 멸종되거나 생물다양성이 감소되지 아니하도록 하는 등 지속가능한 이용이 되도록 하여야 한다.

(2) 국가 등의 책무(법 제4조)

① 국가는 야생생물의 서식실태 등을 파악하여 야생생물 보호에 관한 종합적인 시책을 수립·시행하고, 야생생물 보호와 관련되는 국제협약을 준수하여야 하며, 관련 국제기구와 협력하여 야생생물의 보호와 그 서식환경의 보전을 위하여 노력하여야 한다.

② 지방자치단체는 야생생물 보호를 위한 국가의 시책에 적극 협조하여야 하며, 지역적 특성에 따라 관할구역의 야생생물 보호와 그 서식환경 보전을 위한 대책을 수립·시행하여야 한다.

③ 모든 국민은 야생생물 보호를 위한 국가와 지방자치단체의 시책에 적극 협조하는 등 야생생물 보호를 위하여 노력하여야 한다.

12 다음 중 야생생물 보호 및 이용의 기본원칙에 대한 내용으로 틀린 것을 고르면?

① 야생생물과 그 서식지를 효과적으로 보호하여 야생생물이 멸종되지 않고 생태계의 균형이 유지되도록 하여야 한다.

② 국가, 지방자치단체 및 국민은 야생생물을 이용 시 야생생물이 멸종되거나 생물다양성이 감소되지 않도록 하는 등 지속가능한 이용이 되도록 하여야 한다.

③ 야생생물의 보호 및 이용에 있어 경제적 가치를 우선시 하여야 한다.

④ 야생생물은 현세대와 미래세대의 공동자산임을 인식하고 현세대는 야생생물과 그 서식환경을 적극 보호하여 그 혜택이 미래세대에게 돌아갈 수 있도록 하여야 한다.

■③

13 다음 중 야생생물 보호 및 이용의 기본원칙에 대한 설명으로 틀린 것을 고르면?

① 모든 야생생물은 사람에게 유해하므로 퇴치해야 함
② 현세대와 미래세대의 공동자산임을 인식하고 적극 보호하여야 함
③ 야생생물과 그 서식지를 효과적으로 보호하여 멸종을 막음
④ 국가, 지방자치단체 및 국민이 야생생물을 이용할 때에는 지속가능한 이용이 되도록 노력해야 함

■①

핵심유형
04 야생생물 보호 기본계획/야생생물 등의 서식실태 조사

(1) 야생생물 보호 기본계획의 수립(법 제5조)

① 환경부장관은 야생생물 보호와 그 서식환경 보전을 위하여 5년마다 멸종위기 야생생물 등에 대한 야생생물 보호 기본계획을 수립하여야 한다.

② 환경부장관은 기본계획을 수립하거나 변경할 때에는 관계 중앙행정기관의 장과 미리 협의하여야 하고, 수립되거나 변경된 기본계획을 관계 중앙행정기관의 장과 특별시장·광역시장·특별자치시장·도지사·특별자치도지사에게 통보하여야 한다.

③ 환경부장관은 기본계획의 수립 또는 변경을 위하여 관계 중앙행정기관의 장과 시·도지사에게 그에 필요한 자료의 제출을 요청할 수 있다.

④ 시·도지사는 기본계획에 따라 관할구역의 야생생물 보호를 위한 세부계획을 수립하여야 한다.

⑤ 시·도지사가 세부계획을 수립하거나 변경할 때에는 미리 환경부장관의 의견을 들어야 한다.

⑥ 기본계획과 세부계획에 포함되어야 할 내용과 그 밖에 필요한 사항은 대통령령으로 정한다.

(2) 야생생물 등의 서식실태 조사(법 제6조)

① 환경부장관은 멸종위기 야생생물, 생태계교란 생물 등 특별히 보호하거나 관리할 필요가 있는 야생생물의 서식실태를 정밀하게 조사하여야 한다.

> 서식실태 조사의 내용(시행규칙 제5조) : 종별 서식지 및 서식현황, 종별 생태적 특성, 주요 위협요인, 보전 또는 관리 대책의 수립을 위하여 필요한 사항 2019년 출제

② 환경부장관은 보호하거나 관리할 필요가 있는 야생생물 및 그 서식지 등이 자연적 또

는 인위적 요인으로 인하여 훼손될 우려가 있는 경우에는 수시로 실태조사를 하거나 관찰종을 지정하여 조사할 수 있다.

③ 조사의 내용·방법 등 필요한 사항은 환경부령으로 정한다.

핵심유형 익히기

14 다음 중 야생생물 보호 기본계획에 포함되는 내용이 아닌 것은?

① 국제적 멸종위기종의 보호 및 철새 보호 등 국제협력에 관한 사항
② 야생생물의 현황 및 전망, 조사·연구에 관한 사항
③ 멸종위기 야생생물의 포획 방법
④ 야생동물의 질병연구 및 질병관리대책에 관한 사항　　　　■③

15 환경부령으로 정한 야생생물 등의 서식실태조사에 포함되는 내용이 아닌 것은?

① 보전 또는 관리대책의 수립을 위하여 필요한 사항
② 서식지에서의 지역주민 민원 현황
③ 종별 생태적 특성
④ 종별 서식지 및 서식현황　　　　■②

핵심유형 05 서식지외보전기관

(1) 서식지외보전기관의 지정(법 제7조)

① 환경부장관은 야생생물을 서식지에서 보전하기 어렵거나 종의 보존 등을 위하여 서식지 외에서 보전할 필요가 있는 경우에는 관계 중앙행정기관의 장의 의견을 들어 야생생물의 서식지 외 보전기관을 지정할 수 있다. 다만, 지정된 서식지 외 보전기관에서 천연기념물을 보전하게 하려는 경우에는 문화재청장과 협의하여야 한다.

② 환경부장관 및 지방자치단체의 장은 서식지외보전기관에서 멸종위기 야생생물을 보전하게 하기 위하여 필요하면 그 비용의 전부 또는 일부를 지원할 수 있다.

③ 서식지외보전기관의 지정에 필요한 사항은 대통령령으로 정하고, 그 기관의 운영 및 지정서 교부 등에 필요한 사항은 환경부령으로 정한다.

(2) 서식지외보전기관의 지정취소 사유 중 중요 사항(법 제7조의2)

① 거짓이나 그 밖의 부정한 방법으로 지정을 받은 경우

② 관련법을 위반하여 야생동물을 학대한 경우

③ 야생생물을 사용하여 만든 음식물 또는 가공품을 그 사실을 알면서 취득한 경우

④ 관련법을 위반하여 야생동물을 포획·수입 또는 반입한 경우

⑤ 정당한 사유 없이 계속하여 3년 이상 야생생물의 보전 실적이 없는 경우

⑥ 보고 및 검사 등의 명령을 3회 이상 이행하지 않는 등 야생생물 보호·관리가 부실한 경우

핵심유형 익히기

16 다음 중 야생생물의 서식지외 보전기관의 지정취소 사유로 틀린 것을 고르면?

① 관련법을 위반하여 야생동물을 포획·수입 또는 반입한 경우
② 야생생물을 사용하여 만든 음식물 또는 가공품을 그 사실을 알면서 취득한 경우
③ 환경부장관이 관계중앙행정기관의 장의 의견을 들어 지정한 경우
④ 관련법을 위반하여 야생동물을 학대한 경우

■③

핵심유형 06 야생동물의 학대금지/야생동물의 취득 금지/제작금지 도구*****

(1) 야생동물의 학대금지(법 제8조)

① 누구든지 정당한 사유 없이 야생동물을 죽음에 이르게 하는 행위 금지 ⇒ <u>위반시 3년 이하의 징역 또는 300만 원 이상 3천만 원 이하의 벌금</u> 2019년 출제

   ㉠ 때리거나 산채로 태우는 등 다른 사람에게 혐오감을 주는 방법으로 죽이는 행위

   ㉡ <u>목을 매달거나 독극물, 도구 등을 사용하여 잔인한 방법으로 죽이는 행위</u>

   ㉢ 그 밖에 제2항 각 호의 학대행위로 야생동물을 죽음에 이르게 하는 행위

② 누구든지 정당한 사유 없이 야생동물에게 고통을 주거나 상해를 입히는 행위 금지 ⇒ <u>2년 이하의 징역 또는 2천만 원 이하의 벌금</u> 2019년 출제

   ㉠ <u>포획·감금하여 고통을 주거나 상처를 입히는 행위</u>

   ㉡ <u>살아 있는 상태에서 혈액, 쓸개, 내장 또는 그 밖의 생체의 일부를 채취하거나 채취하는 장치 등을 설치하는 행위</u>

   ㉢ 도구·약물을 사용하거나 물리적인 방법으로 고통을 주거나 상해를 입히는 행위

② 도박·광고·오락·유흥 등의 목적으로 상해를 입히는 행위

⑩ 야생동물을 보관, 유통하는 경우 등에 고의로 먹이 또는 물을 제공하지 아니하거나, 질병 등에 대하여 적절한 조치를 취하지 아니하고 방치하는 행위

③ 먹는 것이 금지되는 야생동물[규칙 별표 4]

등급	종명
멸종위기 포유류 I 급*	반달가슴곰, 사향노루, 산양, 수달
멸종위기 포유류 II 급*	담비, 물개, 삵
기타 포유류	고라니, 너구리, 노루, 멧돼지, 멧토끼, 오소리
멸종위기 조류 I 급*	검독수리, 넓적부리도요, 노랑부리백로, 두루미, 매, 먹황새, 저어새, 참수리, 청다리도요사촌, 크낙새, 호사비오리, 흑고니, 황새, 흰꼬리수리
멸종위기 조류 II 급*	뜸부기, 큰기러기, 흑기러기
기타 조류	가창오리, 고방오리, 쇠기러기, 쇠오리, 청둥오리, 흰뺨검둥오리
멸종위기 파충류 II 급	구렁이
기타 파충류	까치살모사, 능구렁이, 살모사, 유혈목이, 자라
기타 양서류	계곡산개구리, 북방산개구리, 한국산개구리

(2) **불법 포획한 야생동물의 취득 등 금지**(법 제9조) ⇒ 위반 시 1년 이하의 징역 또는 1천만 원 이하의 벌금

① 누구든지 이 법을 위반하여 포획·수입 또는 반입한 야생동물, 이를 사용하여 만든 음식물 또는 가공품을 그 사실을 알면서 취득(환경부령으로 정하는 야생동물을 사용하여 만든 음식물 또는 추출가공식품을 먹는 행위를 포함)·양도·양수·운반·보관하거나 그러한 행위를 알선하지 못한다.

② 환경부장관이나 지방자치단체의 장은 이 법을 위반하여 포획·수입 또는 반입한 야생동물, 이를 사용하여 만든 음식물 또는 가공품을 압류하는 등 필요한 조치를 할 수 있다.

(3) **덫, 창애, 올무 등의 제작금지**(법 제10조) ⇒ 위반 시 1년 이하의 징역 또는 1천만 원 이하의 벌금

① 누구든지 덫, 창애, 올무 또는 그 밖에 야생동물을 포획할 수 있는 도구를 제작·판매·소지 또는 보관하여서는 아니 된다.

② 다만, 학술 연구, 관람·전시, 유해야생동물의 포획 등 환경부령으로 정하는 경우에는 그러하지 아니하다.

핵심유형 익히기

17 수렵면허를 소지한 수렵인이 멸종위기 야생동물을 불법 포획한 경우 받게 되는 행정 처분으로 옳은 것은?

① 징역 2년
② 면허 취소 또는 1년 이내의 정지
③ 1천만 원 이하의 과태료
④ 2천만 원 이하의 과태료　　　■②

18 다음 중 야생동물의 학대행위로 볼 수 없는 것을 고르면?

① 포획·감금하여 고통을 주거나 상처를 입히는 행위
② 때리거나 산 채로 태우는 등 다른 사람에게 혐오감을 주는 방법으로 죽이는 행위
③ 목을 매달거나 독극물을 사용하는 등 잔인한 방법으로 죽이는 행위
④ 질병에 걸릴 우려가 있는 야생동물에 대하여 부검, 임상검사, 혈청검사, 그 밖의 실험 등을 하는 행위　　　■④

19 다음 중 야생동물의 학대행위로 볼 수 없는 것을 고르면?

① 혐오감을 주는 방법으로 야생동물을 죽이는 행위
② 살아있는 야생동물의 생체 일부를 채취하는 행위
③ 조난·부상당한 야생동물을 동물병원으로 운반하는 행위
④ 독극물을 사용하여 야생동물을 죽이는 행위　　　■③

핵심유형
07 야생동물로 인한 피해의 예방 및 보상★★

(1) 야생동물로 인한 피해의 예방 및 보상(법 제12조)

① 국가와 지방자치단체는 야생동물로 인한 인명 피해(신체적으로 상해를 입거나 사망한 경우)나 농업·임업 및 어업의 피해를 예방하기 위하여 필요한 시설을 설치하는 자에게 그 설치비용의 전부 또는 일부를 지원할 수 있다.

② 국가와 지방자치단체는 멸종위기 야생동물, 제19조 제1항에 따라 포획이 금지된 야생동물 또는 인명 피해나 농업·임업 및 어업의 피해를 입은 자와 다음 어느 하나에 해당하는 지역에서 야생동물에 의하여 인명 피해나 농업·임업 및 어업의 피해를 입은 자에게 예산의 범위에서 그 피해를 보상할 수 있다.

ㄱ 야생생물 특별보호구역
ㄴ 야생생물 보호구역

ⓒ 생태 · 경관보전지역

ⓔ 습지보호지역

ⓜ 자연공원

ⓗ 도시공원

ⓢ 그 밖에 야생동물을 보호하기 위하여 환경부령으로 정하는 지역

(2) 야생동물로 인한 피해보상 기준[시행령 제7조]

① **피해 예방시설의 설치비용 지원기준** : 야생동물로 인한 피해를 예방하는 데 필요한 울타리 · 방조망 · 경음기 등의 설치 또는 구입에 드는 비용 중 환경부장관이 정하여 고시하는 금액(2019년 기준 최대 10,00만 원)

② **피해보상기준** : 야생동물로 인하여 피해를 입은 농작물 · 임산물 · 수산물 등의 피해액 중 환경부장관이 정하여 고시하는 금액(2019년 기준 최대 500만 원, 산정된 피해액의 80% 이내)

> **피해예방시설 비용의 지원대상자(제4조) [환경부고시 제2019-59호]** 2019년 출제
> 야생동물로 인한 농업 · 임업 · 어업상의 피해를 예방하기 위하여 필요한 시설을 설치하는 농업인 · 임업인 · 어업인을 대상으로 한다. 다만, 농림부의 FTA기금 등에 의해 이미 피해예방 시설비 지원을 받은 농업인등은 제외한다.

(3) 야생동물로 인한 피해보상 절차[환경부고시 제2019-59호]

① 시장 · 군수 · 구청장은 15일 이내에 야생동물로 인한 피해보상금 지급결정통보서를 신청인에게 통지하여야 한다.

② 신청인은 통지받은 피해보상액에 대하여 이의가 없을 경우 통지 받은 날부터 10일 이내에 야생동물로 인한 피해보상금 청구서에 서류를 첨부하여 관할지역 시장 · 군수 · 구청장에게 제출하여야 한다. 다만, 피해보상액에 대하여 불복 등 이의가 있을 경우에는 구체적인 사유를 기술하여 재심의 요청을 할 수 있다.

③ **피해보상 관련 서류**
  ⓝ 신청인 명의의 통장사본
  ⓛ 주민등록증 사본
  ⓒ 야생동물로 인한 피해보상금 지급결정 통보서 사본

④ 시장 · 군수 · 구청장은 신청인에게 피해보상금청구서를 받은 날부터 7일 이내에 피해보상금을 지급하여야 한다.

핵심유형 익히기

20 다음 중 야생동물 피해예방시설 설치지원 신청금액이 예산의 범위를 초과할 경우 우선순위 대상자로 옳은 것은?

① 환경부가 지정한 멸종위기종 서식 지역

② 매년 반복하여 피해가 발생하고 있는 지역

③ 사람이 많이 거주하고 있는 아파트 지역

④ 농림축산식품부의 FTA 기금 등에 의해 지원을 받고 있는 지역   ■②

21 야생동물 피해예방시설 비용의 신청 방법에 대한 설명으로 옳은 내용을 고르면?

① 야생동물 피해예방시설 설치지원신청 관련 법정서류를 첨부하여 산림청장에게 신청

② 야생동물 피해예방시설 설치지원신청 관련 법정서류를 첨부하여 시장·군수·구청 장에게 신청

③ 인터넷 홈페이지를 통해 신청

④ 피해예방시설 설치 업체에게 신청   ■②

22 야생동물에 의해 피해를 입은 농업인 등이 해당 농작물 등에 대해 피해보상을 청구할 수 있는 사례가 아닌 것은?

① 피해방지시설의 설치비용을 지원받은 경우

② 시·도야생동·식물보호구역 및 야생동·식물 보호구역 내에서 피해를 입은 경우

③ 야생동·식물특별보호구역 내에서 피해를 입은 경우

④ 멸종위기야생동물 또는 시·도보호야생동물에 의하여 피해를 입은 경우   ■①

핵심유형
08 멸종위기 야생생물의 보호*

(1) 멸종위기 야생생물의 지정기준[시행령 제1조의2]

① <u>멸종위기 야생생물 Ⅰ급 지정기준 : 대통령령</u>

㉠ 개체 또는 개체군 수가 적거나 크게 감소하고 있어 멸종위기에 처한 종

㉡ 분포지역이 매우 한정적이거나 서식지 또는 생육지가 심각하게 훼손됨에 따라 멸 종위기에 처한 종

㉢ <u>생물의 지속적인 생존 또는 번식에 영향을 주는 자연적 또는 인위적 위협요인 등으 로 인하여 멸종위기에 처한 종</u> 2019년 출제

② <u>멸종위기 야생생물 Ⅱ급 지정기준 : 대통령령</u>

       ㉠ 개체 또는 개체군 수가 적거나 크게 감소하고 있어 가까운 장래에 멸종위기에 처할 우려가 있는 종

      ㉡ 분포지역이 매우 한정적이거나 서식지 또는 생육지가 심각하게 훼손됨에 따라 가까운 장래에 멸종위기에 처할 우려가 있는 종

      ㉢ 생물의 지속적인 생존 또는 번식에 영향을 주는 자연적 또는 인위적 위협요인 등으로 인하여 가까운 장래에 멸종위기에 처할 우려가 있는 종

  ③ **멸종위기 야생생물의 지정 주기(법 제13조의2)** : 환경부장관이 5년마다 지정(특별히 필요하다고 인정할 때에는 수시로 다시 정할 수 있음)

(2) 야생생물 보호 기본계획(시행령 제2조) : <u>환경부장관이 5년마다 수립</u>

  ① 야생생물의 현황 및 전망, 조사 · 연구

  ② 야생생물 등의 서식실태조사

  ③ 야생동물의 질병연구 및 질병관리대책

  ④ 멸종위기 야생생물 등에 대한 보호의 기본방향 및 보호목표의 설정

  ⑤ 멸종위기 야생생물 등의 보호에 관한 주요 추진과제 및 시책

  ⑥ 멸종위기 야생생물의 보전 · 복원 및 증식

  ⑦ 멸종위기 야생생물 등 보호사업의 시행에 필요한 경비의 산정 및 재원 조달방안

  ⑧ 국제적 멸종위기종의 보호 및 철새 보호 등 국제협력

  ⑨ 야생동물의 불법 포획의 방지 및 구조 · 치료와 유해야생동물의 지정 · 관리 등 야생동물의 보호 · 관리

  ⑩ 생태계교란 야생생물의 관리

  ⑪ 야생생물 특별보호구역의 지정 및 관리

  ⑫ 수렵의 관리

  ⑬ 특별시 · 광역시 · 특별자치시 · 도 및 특별자치도에서 추진할 주요 보호시책

  ⑭ 그 밖에 환경부장관이 멸종위기 야생생물 등의 보호를 위하여 필요하다고 인정하는 사항

핵심유형 익히기

23 다음 중 야생생물의 보호 및 서식환경 보전을 위해 '야생생물 보호 기본계획'을 수립하는 주기로 옳은 것은?

  ① 5년마다   ② 3년마다

  ③ 8년마다   ④ 매년마다   ■①

24 다음 중 멸종위기 야생생물의 보호에 대한 내용으로 옳은 것을 고르면?

① 멸종위기 야생생물의 포획·채취 등은 환경부장관의 허가를 받은 경우 가능하다.
② 환경부장관은 멸종위기 야생생물에 대한 확보·이용대책을 수립·시행하여야 한다.
③ 환경부장관은 야생생물의 보호와 멸종 방지를 위하여 2년마다 멸종위기 야생생물을 다시 정하여야 한다.
④ 멸종위기 야생생물의 수출 및 수입은 자유롭다.

■①

핵심유형
09 멸종위기 야생생물의 포획·채취★★★

(1) 멸종위기 야생생물의 포획·채취등의 금지(법 제14조)

① 누구든지 멸종위기 야생생물을 포획·채취·방사·이식·가공·유통·보관·수출·수입·반출·반입(가공·유통·보관·수출·수입·반출·반입하는 경우에는 죽은 것을 포함)·죽이거나 훼손해서는 아니 된다.

> 예외 조항 : 환경부장관의 허가를 받은 경우
> • 학술 연구 또는 멸종위기 야생생물의 보호·증식 및 복원의 목적으로 사용하려는 경우
> • 생물자원 보전시설이나 생물자원관에서 관람용·전시용으로 사용하려는 경우
> • 공익사업의 시행 또는 다른 법령에 따른 인가·허가 등을 받은 사업의 시행을 위하여 멸종위기 야생생물을 이동시키거나 이식하여 보호하는 것이 불가피한 경우
> • 사람이나 동물의 질병 진단·치료 또는 예방을 위하여 관계 중앙행정기관의 장이 환경부장관에게 요청하는 경우
> • 대통령령으로 정하는 바에 따라 인공증식한 것을 수출·수입·반출 또는 반입하는 경우
> • 그 밖에 멸종위기 야생생물의 보호에 지장을 주지 아니하는 범위에서 환경부령으로 정하는 경우

② 누구든지 멸종위기 야생생물의 포획·채취등을 위하여 다음에 해당하는 행위를 하여서는 아니 된다.(포획·채취등의 방법을 정하여 환경부장관의 허가를 받은 경우 등 환경부령으로 정하는 경우에는 예외) ⇒ <u>위반 시 3년 이하의 징역 또는 3천만 원 이하의 벌금</u>
 ㉠ 폭발물, 덫, 창애, 올무, 함정, 전류 및 그물의 설치 또는 사용
 ㉡ 유독물, 농약 및 이와 유사한 물질의 살포 또는 주입
③ 멸종위기 야생생물의 포획·채취등의 금지를 적용하지 않는 경우
 ㉠ 인체에 급박한 위해를 끼칠 우려가 있어 포획하는 경우
 ㉡ 질병에 감염된 것으로 예상되거나 조난 또는 부상당한 야생동물의 구조·치료 등

이 시급하여 포획하는 경우

ⓒ 「문화재보호법」 제35조에 따라 허가를 받은 경우

ⓔ 서식지외보전기관이 관계 법령에 따라 포획·채취등의 인가·허가 등을 받은 경우

ⓜ 신고를 하고 보관하는 경우

ⓗ 대통령령으로 정하는 바에 따라 인공증식한 것을 가공·유통 또는 보관하는 경우

④ 허가를 받고 멸종위기 야생생물의 포획·채취 등을 하려는 자는 허가증을 지녀야 하고, 포획·채취 등을 하였을 때에는 환경부령으로 정하는 바에 따라 그 결과를 환경부장관에게 신고하여야 한다. ⇒ 위반 시 2백만 원 이하의 과태료

⑤ 야생생물이 멸종위기 야생생물로 정하여질 당시에 그 야생생물 또는 그 박제품을 보관하고 있는 자는 그 정하여진 날부터 1년 이내에 환경부령으로 정하는 바에 따라 환경부장관에게 그 사실을 신고하여야 한다. ⇒ 위반 시 2백만 원 이하의 과태료

(2) 멸종위기 야생생물의 포획·채취등의 허가취소(법 제15조)

① 환경부장관은 멸종위기 야생생물의 포획·채취 등의 허가를 받은 자가 다음 각 호의 어느 하나에 해당하는 경우에는 그 허가를 취소할 수 있다.

ⓖ 거짓이나 그 밖의 부정한 방법으로 허가를 받은 경우

ⓛ 멸종위기 야생생물의 포획·채취등을 할 때 허가조건을 위반한 경우

ⓒ 멸종위기 야생생물을 허가받은 목적이나 용도 외로 사용하는 경우

② 허가가 취소된 자는 취소된 날부터 7일 이내에 허가증을 환경부장관에게 반납하여야 한다. ⇒ 위반 시 1백만 원 이하의 과태료

핵심유형 익히기

25 다음 중 멸종위기 야생생물의 포획·채취 허가의 취소 사례로 틀린 것은?

① 허가받은 목적이나 용도 외로 멸종위기 야생생물을 포획·채취하는 경우

② 멸종위기 야생생물의 포획·채취 시 허가조건을 위반한 경우

③ 거짓이나 그 밖의 부정한 방법으로 허가를 받은 경우

④ 인체에 급박한 위해를 끼칠 우려가 있어 포획하는 경우   ■④

핵심유형
10 사육동물의 관리기준/사육시설등록 취소*

(1) 사육동물의 관리기준(법 제16조의6)

① <u>사육시설이 사육동물의 특성에 맞는 적절한 장치와 기능을 발휘할 수 있도록 유지 · 관리할 것</u> 2019년 출제

② 사육동물의 사육과정에서 건강상 · 안전상의 위해가 발생하지 아니하도록 예방대책을 강구하고, 사고가 발생하면 응급조치를 할 수 있는 장비 · 약품 등을 갖출 것

③ 사육동물을 이송 · 운반하거나 사육하는 과정에서 탈출 · 폐사에 따른 안전사고나 생태계 교란 등이 없도록 대책을 강구할 것

④ 사육동물의 보호 및 관리를 위하여 필요하다고 인정하여 환경부령으로 정하는 사항

(2) 사육시설등록 취소(법 제16조의8)

① 등록 취소 사항
   ㉠ 거짓이나 그 밖의 부정한 방법으로 등록을 한 경우
   ㉡ 제16조의3 제1호부터 제3호까지의 규정 중 어느 하나에 해당하게 된 경우

② 등록을 취소하거나 6개월 이내의 기간을 정하여 사육시설의 전부 또는 일부의 폐쇄할 수 있는 경우
   ㉠ 다른 사람에게 명의를 대여하여 등록증을 사용하게 한 경우
   ㉡ 1년에 3회 이상 시설 폐쇄명령을 받은 경우
   ㉢ 고의 또는 중대한 과실로 사육동물의 탈출, 폐사 또는 인명피해 등이 발생한 경우
   ㉣ 2년 이내에 사육동물을 사육하지 아니하거나 정당한 사유 없이 계속하여 2년 이상 사육시설을 운영하지 아니한 경우
   ㉤ 변경신고나 변경등록을 하지 아니한 경우
   ㉥ 제16조의2 제3항에 따른 조건을 이행하지 아니한 경우
   ㉦ 정기검사 또는 수시검사를 받지 아니한 경우
   ㉧ 개선명령을 이행하지 아니한 경우
   ㉨ 시설 폐쇄명령 기간 중 시설을 운영한 경우
   ㉩ 사육동물의 관리기준을 위반한 경우

26 사육시설등록자가 사육동물의 관리를 위해 지켜야 할 내용으로 옳은 것은?

① 사육동물의 특성에 맞는 적절한 장치를 갖추고 동물들이 본연의 기능을 발휘할 수 있도록 유지·관리한다.

② 사육동물의 자율성을 보장하기 위해 그대로 방치한다.

③ 사육동물의 사육과정에서 탈출·폐사할 경우 시설을 폐쇄해야 한다.

④ 사육동물로 인한 피해를 막기 위해 감금 및 학대가 가능하다. ■①

27 다음 중 사육시설등록자의 등록취소 사례로 틀린 것을 고르면?

① 1년에 2회 이상 시설폐쇄 명령을 받은 경우

② 거짓이나 그 밖의 부정한 방법으로 등록을 한 경우

③ 고의 또는 중대한 과실로 사육동물의 탈출, 폐사 또는 인명피해 등이 발생한 경우

④ 다른 사람에게 명의를 대여하여 등록증을 사용하게 한 경우 ■①

11 멸종위기 야생생물 외의 야생생물 보호★★★

(1) 야생생물의 포획·채취 금지(법 제19조)

① 누구든지 멸종위기 야생생물에 해당하지 아니하는 야생생물 중 환경부령으로 정하는 종을 포획·채취하거나 죽여서는 아니 된다. ⇒ <u>위반 시 2년 이하의 징역 또는 2천만 원 이하의 벌금</u>

> 특별자치시장·특별자치도지사·시장·군수·구청장의 허가를 받은 예외 사항
> ㉠ 학술 연구 또는 야생생물의 보호·증식 및 복원의 목적으로 사용하려는 경우
> ㉡ 생물자원 보전시설이나 생물자원관에서 관람용·전시용으로 사용하려는 경우
> ㉢ 공익사업의 시행 또는 다른 법령에 따른 인가·허가 등을 받은 사업의 시행을 위하여 야생생물을 이동시키거나 이식하여 보호하는 것이 불가피한 경우
> ㉣ 사람이나 동물의 질병 진단·치료 또는 예방을 위하여 관계 중앙행정기관의 장이 시장·군수·구청장에게 요청하는 경우
> ㉤ 환경부령으로 정하는 야생생물을 환경부령으로 정하는 기준 및 방법 등에 따라 상업적 목적으로 인공증식하거나 재배하는 경우

② 누구든지 야생생물을 포획·채취하거나 죽이기 위하여 다음에 해당하는 행위를 하여서는 아니 된다(포획·채취 또는 죽이는 방법을 정하여 허가를 받은 경우 등 환경부령으로 정하는 경우에는 예외). ⇒ <u>위반 시 2년 이하의 징역 또는 2천만 원 이하의 벌금</u>

㉠ 폭발물, 덫, 창애, 올무, 함정, 전류 및 그물의 설치 또는 사용 _{2019년 출제}
㉡ 유독물, 농약 및 이와 유사한 물질의 살포 또는 주입

(2) 야생생물의 포획·채취 허가 취소(법 제20조)

① 시장·군수·구청장은 제19조 제1항 단서에 따라 야생생물의 포획·채취 또는 야생생물을 죽이는 허가를 받은 자가 다음에 해당하는 경우에는 그 허가를 취소할 수 있다.
㉠ 거짓이나 그 밖의 부정한 방법으로 허가를 받은 경우
㉡ 야생생물을 포획·채취 또는 죽일 때 허가조건을 위반한 경우
㉢ 허가받은 목적 외의 용도로 사용한 경우
㉣ 허가받은 기준 또는 방법에 따라 인공증식하거나 재배하지 아니한 경우

② 허가가 취소된 자는 취소된 날부터 7일 이내에 허가증을 시장·군수·구청장에게 반납하여야 한다. ⇒ 위반 시 2백만 원 이하의 과태료

(3) 유해야생동물의 포획허가 및 관리(법 제23조)

① 유해야생동물을 포획하려는 자는 시장·군수·구청장의 허가를 받아야 한다.

② 시장·군수·구청장은 허가를 하려는 경우 유해야생동물로 인한 농작물 등의 피해 상황, 유해야생동물의 종류 및 수 등을 조사하여 과도한 포획으로 인하여 생태계가 교란되지 아니하도록 하여야 한다.

③ 시장·군수·구청장은 허가를 신청한 자의 요청이 있으면 수렵면허를 받고 수렵보험에 가입한 사람에게 포획을 대행하게 할 수 있다. 이 경우 포획을 대행하는 사람은 허가를 받은 것으로 본다.

④ 시장·군수·구청장은 허가를 하였을 때에는 지체 없이 산림청장 또는 그 밖의 관계 행정기관의 장에게 그 사실을 통보하여야 한다. _{2019년 출제}

⑤ 환경부장관은 유해야생동물의 관리를 위하여 필요하면 관계 중앙행정기관의 장 또는 지방자치단체의 장에게 피해예방활동이나 질병예방활동, 수확기 피해방지단 또는 인접 시·군·구 공동 수확기 피해방지단 구성·운영 등 적절한 조치를 하도록 요청할 수 있다.

⑥ 유해야생동물을 포획한 자는 환경부령으로 정하는 바에 따라 유해야생동물의 포획 결과를 시장·군수·구청장에게 신고하여야 한다.

⑦ 허가의 기준, 안전수칙, 포획 방법 및 허가증의 발급 등에 필요한 사항은 환경부령으로 정한다.

⑧ 포획한 유해야생동물의 처리 방법은 환경부령으로 정한다.

⑨ 수확기 피해방지단의 구성방법, 운영시기, 대상동물 등의 사항은 환경부령으로 정한다.

(4) 유해야생동물의 포획허가(시행규칙 제30조)

① 유해야생동물의 포획허가를 받으려는 자는 유해야생동물 포획허가 신청서를 시장·군수·구청장에게 제출하여야 한다.

② 시장·군수·구청장은 유해야생동물의 포획허가를 한 경우에는 유해야생동물 포획허가증과 환경부장관이 정하는 유해야생동물 확인표지를 발급하여야 하며, 사용 후 남은 확인표지는 반드시 반납 받은 후 폐기하여야 한다.

(5) 유해야생동물의 포획허가기준(시행규칙 제31조)

① 유해야생동물의 포획을 허가하려는 경우의 허가기준 2019년 출제

ㄱ 인명·가축 또는 농작물 등 피해대상에 따라 유해야생동물의 포획시기, 포획도구, 포획지역 및 포획수량이 적정할 것

ㄴ 포획 외에는 다른 피해 억제 방법이 없거나 이를 실행하기 곤란할 것

② 유해야생동물을 포획할 때 준수사항

ㄱ 생명의 존엄성을 해치지 않는 포획도구로서 환경부장관이 정하여 고시하는 도구를 이용하여 포획할 것

ㄴ 포획한 유해야생동물에 환경부장관이 정하는 유해야생동물 확인표지를 즉시 부착하되, 사용 후 남은 확인표지는 허가기관에 지체 없이 반납할 것

(6) 유해야생동물 포획 시 안전수칙(시행규칙 제31조의2)

① 총기사고 등을 예방하기 위하여 포획허가 지역의 지형·지물(지물), 산림·도로·논·밭 등에 주민이 있는지를 미리 확인할 것

② 포획허가를 받은 자는 식별하기 쉬운 의복을 착용할 것

③ 인가·축사로부터 100미터 이내의 장소에서는 총기를 사용하지 아니할 것(인가·축사와 인접한 지역의 주민을 미리 대피시키는 등 필요한 안전조치를 한 후에는 예외)

(7) 유해야생동물의 포획허가 취소(법 제23조의2)

① 시장·군수·구청장은 유해야생동물의 포획허가를 받은 자가 다음에 해당하는 경우에는 그 허가를 취소할 수 있다.

ㄱ 거짓이나 그 밖의 부정한 방법으로 허가를 받은 경우

ⓛ 유해야생동물의 포획 결과를 신고를 하지 아니한 경우

ⓒ 유해야생동물을 포획할 때 허가의 기준, 안전수칙, 포획 방법 등을 위반한 경우

② 허가가 취소된 자는 취소된 날부터 7일 이내에 허가증을 시장·군수·구청장에게 반납하여야 한다.

핵심유형 익히기

28 다음 중 유해야생동물의 포획허가 승인권이 없는 사람으로 옳은 것은?

① 군수   ② 경찰청장
③ 구청장   ④ 시장   ■②

29 유해야생동물 포획허가를 받은 자가 유해야생동물을 포획할 경우 지켜야 할 내용으로 옳지 않은 것은?

① 포획한 유해야생동물에 유해야생동물 확인표지를 즉시 부착할 것
② 유해야생동물 확인표지를 사용 후 남은 확인표지는 허가기간에 지체 없이 반납할 것
③ 총기류, 올무 등 포획도구를 이용하여 포획하되 생명의 존엄성을 해치지 아니할 것
④ 유해야생동물의 종류 및 수, 농작물의 피해상황 등을 조사할 것   ■④

30 유해야생동물의 포획허가 및 관리 등의 법적 사항에 대한 설명으로 옳은 것은?

① 시장·군수·구청장은 유해야생동물 포획허가를 신청한 자의 요청이 있으면 수렵면허를 받고 수렵보험에 가입한 사람에게 포획을 대행할 수 있다.
② 유해야생동물을 포획하려는 자는 환경부장관의 허가를 받아야 한다.
③ 시장·군수·구청장은 유해야생동물 포획허가를 하려는 경우 과도한 포획을 하여 농작물 등의 피해를 최소화 하여야 한다.
④ 유해야생동물을 포획한 자는 유해야생동물의 포획결과를 시장·군수·구청장에게 신고할 의무가 없다.   ■①

31 유해야생동물의 포획허가를 취소할 수 있는 사례로 옳지 않은 것은?

① 환경부령으로 정한 허가의 기준, 안전수칙, 포획 방법 등을 위반한 경우
② 유해야생동물 포획허가를 신청한 자의 요청이 있어 관계 행정기관의 장이 포획을 대행한 경우
③ 유해야생동물의 포획결과를 시장·군수·구청장에게 신고하지 아니한 경우
④ 거짓이나 그 밖의 부정한 방법으로 허가를 받은 경우   ■②

핵심유형

12 야생생물 특별보호구역 등의 지정ㆍ관리*

(1) 야생생물 특별보호구역의 지정(법 제27조)

① 환경부장관은 멸종위기 야생생물의 보호 및 번식을 위하여 특별히 보전할 필요가 있는 지역을 토지소유자 등 이해관계인과 지방자치단체의 장의 의견을 듣고 관계 중앙행정기관의 장과 협의하여 야생생물 특별보호구역으로 지정할 수 있다.

② 환경부장관은 특별보호구역이 군사 목적상, 천재지변 또는 그 밖의 사유로 특별보호구역으로서의 가치를 상실하거나 보전할 필요가 없게 된 경우에는 그 지정을 변경하거나 해제하여야 한다.

③ 환경부장관은 특별보호구역을 지정ㆍ변경 또는 해제할 때에는 보호구역의 위치, 면적, 지정일시, 그밖에 필요한 사항을 정하여 고시하여야 한다.

④ 특별보호구역의 지정기준ㆍ절차 등에 필요한 사항은 환경부령으로 정한다.

(2) 특별보호구역에서의 행위 제한(법 제28조)

① 누구든지 특별보호구역에서는 다음에 해당하는 훼손행위를 하여서는 아니 된다. ⇒ 위반 시 3년 이하의 징역 또는 3천만 원 이하의 벌금

　㉠ 건축물 또는 그 밖의 공작물의 신축ㆍ증축(기존 건축 연면적을 2배 이상 증축하는 경우만 해당) 및 토지의 형질변경

　㉡ 하천, 호소 등의 구조를 변경하거나 수위 또는 수량에 변동을 가져오는 행위

　㉢ 토석의 채취

　㉣ 그 밖에 야생생물 보호에 유해하다고 인정되는 훼손행위로서 대통령령으로 정하는 행위

② 특별보호구역에서의 금지행위 ⇒ 위반 시 1백만 원 이하의 과태료

　㉠ 특정수질유해물질, 폐기물 또는 유독물질을 버리는 행위

　㉡ 환경부령으로 정하는 인화물질(휘발유ㆍ등유 등 인화점이 섭씨 70도 미만인 액체, 자연발화성 물질, 기체연료)을 소지하거나 취사 또는 야영을 하는 행위

　㉢ 야생생물의 보호에 관한 안내판 또는 그 밖의 표지물을 더럽히거나 훼손하거나 함부로 이전하는 행위

　㉣ 그밖에 야생생물의 보호를 위하여 금지하여야 할 행위로서 대통령령으로 정하는 행위

(3) 야생생물 보호구역의 지정(법 제33조)

① 시 · 도지사나 시장 · 군수 · 구청장은 멸종위기 야생생물 등을 보호하기 위하여 특별보호구역에 준하여 보호할 필요가 있는 지역을 야생생물 보호구역으로 지정할 수 있다.

② 시 · 도지사나 시장 · 군수 · 구청장은 보호구역을 지정 · 변경 또는 해제할 때에는 미리 주민의 의견을 들어야 하며, 관계 행정기관의 장과 협의하여야 한다.

③ 시 · 도지사나 시장 · 군수 · 구청장은 보호구역을 지정 · 변경 또는 해제할 때에는 환경부령으로 정하는 바에 따라 보호구역의 위치, 면적, 지정일시, 그 밖에 해당 지방자치단체의 조례로 정하는 사항을 고시하여야 한다.

④ 시 · 도지사나 시장 · 군수 · 구청장은 해당 지방자치단체의 조례로 정하는 바에 따라 출입 제한 등 보호구역의 보전에 필요한 조치를 할 수 있다.

⑤ 환경부장관이 정하여 고시하는 야생동물의 번식기에 보호구역에 들어가려는 자는 환경부령으로 정하는 바에 따라 시 · 도지사나 시장 · 군수 · 구청장에게 신고하여야 한다. ⇒ 위반 시 1백만 원 이하의 과태료

> 예외 조항
> ㉠ 산불의 진화 및 재해의 예방 · 복구 등을 위한 경우
> ㉡ 군의 업무수행을 위한 경우
> ㉢ 그 밖에 자연환경조사 등 환경부령으로 정하는 경우

핵심유형 익히기

32 다음 중 야생생물 특별보호구역의 지정에 대한 설명으로 틀린 것은?

① 특별보호구역의 지정은 지방환경관서에서 정한다.

② 환경부장관은 특별보호구역의 지정·변경 또는 해제 시 보호구역의 위치, 면적, 지정일시 등 필요한 사항을 정하여 고시해야 한다.

③ 환경부장관이 토지소유자 등 이해관계인과 지방자치단체장의 의견을 듣고 관계 중앙행정기관의 장과 협의하여 지정할 수 있다.

④ 환경부장관은 군사 목적, 천재지변 또는 그 밖의 사유로 특별보호구역으로서의 가치를 상실할 경우 그 지정을 변경 및 해제할 수 있다. ■①

33 야생생물 특별보호구역에서 제한되는 행위로 옳지 않은 것은?

① 하천, 호소 등의 구조를 변경

② 군사 목적을 위한 토지의 형질 변경

③ 건축물 또는 그 밖의 공작물의 신축

④ 토석의 채취 ■②

34 다음 중 야생생물 보호구역에 대한 내용으로 틀린 것은?

① 우리나라는 아직까지 야생생물 보호구역이 없다.

② 야생생물 보호구역은 멸종위기 야생생물 등을 보호하기 위하여 특별보호구역에 준하여 보호할 필요가 있는 지역이다.

③ 시·도지사나 시장·군수·구청장이 보호구역을 지정·변경 또는 해제할 때에는 주민 및 관계 행정기관의 장과 협의하여야 한다.

④ 산불의 진화 및 재해의 예방·복구 등을 목적으로 야생동물의 번식기에 보호구역에 들어갈 수 있다.

■①

핵심유형
13 야생동물 질병관리*

(1) 야생동물 질병관리 기본계획의 수립(법 제34조의3)

① 환경부장관은 야생동물 질병의 예방과 확산 방지, 체계적인 관리를 위하여 5년마다 야생동물 질병관리 기본계획을 수립·시행하여야 한다. 이 경우 환경부장관은 계획 수립 이전에 관계 중앙행정기관의 장과 협의하여야 한다.

② 환경부장관은 야생동물 질병관리 기본계획의 수립 또는 변경을 위하여 관계 중앙행정기관의 장과 시·도지사에게 그에 필요한 자료 제출을 요청할 수 있다.

③ 환경부장관은 야생동물 질병관리 기본계획을 시·도지사에게 통보하여야 하며, 시·도지사는 야생동물 질병관리 기본계획에 따라 관할구역의 야생동물 질병관리를 위한 세부계획을 수립하여야 한다.

④ 야생동물 질병관리 기본계획 및 세부계획의 수립 등에 필요한 사항은 대통령령으로 정한다.

(2) 야생동물의 질병연구 및 구조 · 치료(법 제34조의4)

① 환경부장관과 시·도지사는 야생동물의 질병관리를 위하여 야생동물의 질병연구, 조난당하거나 부상당한 야생동물의 구조·치료, 야생동물 질병관리기술의 개발·보급 등 필요한 조치를 하여야 한다.

② 환경부장관 및 시·도지사는 대통령령으로 정하는 바에 따라 야생동물의 질병연구 및 구조·치료시설을 설치·운영하거나 환경부령으로 정하는 바에 따라 관련 기관 또는 단체를 야생동물 치료기관으로 지정할 수 있다.

③ 환경부장관 및 시·도지사는 야생동물 치료기관에 야생동물의 질병연구 및 구조·치

료 활동에 드는 비용의 전부 또는 일부를 지원할 수 있다. ^{2019년 출제}

④ 야생동물 치료기관의 지정기준 및 지정서 발급 등에 관한 사항은 환경부령으로 정한다.

(3) 야생동물 치료기관의 지정취소(법 제34조의5)

① 환경부장관과 시 · 도지사는 야생동물 치료기관이 다음에 해당하는 경우에는 그 지정을 취소할 수 있다.

　㉠ 거짓이나 그 밖의 부정한 방법으로 지정을 받은 경우

　㉡ 특별한 사유 없이 조난당하거나 부상당한 야생동물의 구조 · 치료를 3회 이상 거부한 경우

　㉢ 관련법을 위반하여 야생동물을 학대한 경우

　㉣ 관련법을 위반하여 불법으로 포획 · 수입 또는 반입한 야생동물, 이를 사용하여 만든 음식물 또는 가공품을 그 사실을 알면서 취득(환경부령으로 정하는 야생동물을 사용하여 만든 음식물 또는 추출가공식품을 먹는 행위는 제외) · 양도 · 양수 · 운반 · 보관하거나 그러한 행위를 알선한 경우

　㉤ 관련법을 위반하여 질병에 걸린 것으로 확인되거나 걸렸다고 의심할만한 정황이 있는 야생동물임을 알면서 신고하지 아니한 경우

　㉥ 관련법을 위반하여 야생동물 예방접종 · 격리 · 이동제한 · 출입제한 또는 살처분 명령을 이행하지 아니한 경우

　㉦ 관련법을 위반하여 살처분한 야생동물의 사체를 소각하거나 매몰하지 아니한 경우

② 지정이 취소된 자는 취소된 날부터 7일 이내에 지정서를 환경부장관 또는 시 · 도지사에게 반납하여야 한다.

(4) 질병진단[법 34조의7]

① **야생동물 질병** : 야생동물이 병원체에 감염되거나 그 밖의 원인으로 이상이 발생한 상태로서 환경부령으로 정하는 질병[법 2조]

② **질병진단** : 죽은 야생동물 또는 질병에 걸린 것으로 확인되거나 걸릴 우려가 있는 야생동물에 대하여 부검, 임상검사, 혈청검사, 그 밖의 실험 등을 통하여 야생동물 질병의 감염 여부를 확인하는 것[법 2조]

③ 국립야생동물질병관리기관장은 야생동물의 질병진단을 할 수 있는 시설과 인력을 갖춘 대학, 민간연구소, 야생동물 치료기관 등을 야생동물 질병진단기관으로 지정할 수 있다. ^{2019년 출제}

④ 관련법에 따른 신고를 받은 관할 지방자치단체의 장은 국립야생동물질병관리기관장

또는 야생동물 질병진단기관의 장에게 해당 야생동물의 질병진단을 의뢰할 수 있다.

⑤ 야생동물 질병의 발생 상황을 파악하기 위한 **국립야생동물질병관리기관장의 업무**

    ㉠ 전국 또는 일정한 지역에서 야생동물의 질병의 예찰 · 진단 및 조사 · 연구

    ㉡ 야생동물 치료기관 등 야생동물을 보호 · 관리하는 시설의 야생동물의 질병진단

⑥ 야생동물 질병진단기관의 장은 질병진단 결과 야생동물 질병이 확인된 경우에는 국립 야생동물질병관리기관장과 관할 지방자치단체의 장에게 알려야 한다.

⑦ 국립야생동물질병관리기관장은 질병진단 및 조사 · 연구 결과 야생동물 질병이 확인되 거나 통지를 받은 경우에는 환경부장관에게 이를 보고하고, 관할 지방자치단체의 장 과 관계 행정기관의 장에게 알려야 한다.

⑧ 야생동물의 질병진단 요령, 야생동물 질병의 병원체 보존 · 관리, 시료의 포장 · 운송 및 취급처리 등에 필요한 사항은 국립야생동물질병관리기관장이 정하여 고시한다.

⑨ 야생동물 질병진단기관의 지정 취소 사유

    ㉠ 거짓이나 그 밖의 부정한 방법으로 지정받은 경우

    ㉡ 지정기준을 충족하지 못하게 된 경우

    ㉢ 야생동물 질병이 확인된 사실을 알면서도 알리지 아니한 경우

    ㉣ 야생동물의 질병진단 요령 등에 필요한 사항으로서 국립야생동물질병관리기관장이 정하여 고시한 사항을 따르지 아니한 경우

⑩ 야생동물 질병진단기관의 지정기준, 지정절차 및 지정방법 등에 관한 사항은 환경부령 으로 정한다.

(5) 역학조사(법 제34조의9)

① 국립야생동물질병관리기관장과 시 · 도지사는 다음에 해당하는 경우 원인규명 등을 위 한 역학조사를 할 수 있다.

    ㉠ 야생동물 질병이 발생하였거나 발생할 우려가 있다고 인정한 경우

    ㉡ 야생동물에 질병 예방 접종을 한 후 이상반응 사례가 발생한 경우

    ㉢ 시 · 도지사(국립야생동물질병관리기관장에게 요청하는 경우에 한정) 또는 관계 중앙 행정기관의 장이 요청하는 경우

② 누구든지 국립야생동물질병관리기관장 또는 시 · 도지사가 역학조사를 하는 경우 정당 한 사유 없이 이를 거부 또는 방해하거나 회피해서는 아니 된다.

③ 역학조사의 시기 및 방법 등에 관하여 필요한 사항은 환경부령으로 정한다.

핵심유형 익히기

35 야생동물 질병관리 기본계획에 대한 설명으로 옳지 않은 것은?

① 환경부장관은 야생동물 질병의 예방과 확산 방지, 체계적인 관리를 위해 5년마다 야생동물 질병관리 기본계획을 수립·시행하여야 한다.

② 야생동물 질병관리 기본계획을 시·도지사에게 통보하여야 한다.

③ 기본계획의 수립 또는 변경을 위하여 관계 중앙행정기관의 장과 시·도지사에게 그에 필한 자료 제출을 요청할 수 있다.

④ 우리나라는 야생동물의 질병이 없으므로 해당되지 않는다. ■④

36 야생동물의 질병연구 및 구조·치료에 대한 내용으로 틀린 것은?

① 야생동물의 질병연구와 조난 및 부상당한 야생동물의 구조·치료는 대통령령으로 정하는 바에 따른다.

② 환경부장관 및 시·도지사는 야생동물의 질병연구 및 구조·치료를 위하여 환경부령으로 정하는 바에 따라 관련기관 또는 단체를 치료기관으로 지정할 수 있다.

③ 지정된 야생동물 치료기관의 야생동물 질병연구 및 구조·치료 활동에 드는 비용은 전액 자체 부담하여야 한다.

④ 야생동물 치료기관의 지정기준 및 지정서 발급은 환경부령으로 정한다. ■③

37 야생동물의 질병진단에 대한 설명으로 옳은 내용을 고르면?

① 민간연구소는 허가 없이 질병진단기관의 역할수행이 가능하다.

② 야생동물의 질병전문진단기관은 따로 정해져 있지 않다.

③ 야생동물의 질병진단은 일반 병원에서 가능하다.

④ 질병진단은 야생동물 질병진단기관의 장 또는 야생동물 질병에 관한 업무를 수행하는 대통령령으로 정하는 행정기관의 장에게 의뢰할 수 있다. ■④

38 야생동물 치료기관의 지정취소 사유로 틀린 것을 고르면?

① 특별한 사유없이 조난·부상당한 야생동물의 구조·치료를 2회 이상 거부한 경우

② 야생동물을 학대한 경우

③ 야생동물을 불법으로 포획·수입 또는 반입한 경우

④ 거짓이나 그 밖의 부정한 방법으로 지정을 받은 경우 ■①

39 다음 중 야생동물의 질병에 따른 역학조사를 의뢰할 수 있는 사례로 옳지 않은 것은?

① 애완동물의 상태가 의심이 되는 경우

② 야생동물 질병이 발생할 우려가 있다고 인정되는 경우

③ 야생동물에 질병 예방 접종을 한 후 이상반응 사례가 발생한 경우

④ 야생동물 질병이 발생한 경우

■ ①

핵심유형
14 생물자원의 보전*

(1) 생물자원 보전시설의 등록(법 제35조)

① 생물자원 보전시설을 설치·운영하려는 자는 환경부령으로 정하는 바에 따라 시설과 요건을 갖추어 환경부장관이나 시·도지사에게 등록할 수 있다.

② 생물자원 보전시설을 등록한 자는 등록한 사항 중 환경부령으로 정하는 사항을 변경하려면 등록한 환경부장관 또는 시·도지사에게 변경등록을 하여야 한다.

③ 등록증의 교부 등에 관한 사항은 환경부령으로 정한다.

(2) 등록취소(법 제36조)

① 환경부장관이나 시·도지사는 생물자원 보전시설을 등록한 자가 다음에 해당하는 경우에는 그 등록을 취소할 수 있다.

㉠ 거짓이나 그 밖의 부정한 방법으로 등록한 경우

㉡ 환경부령으로 정하는 시설과 요건을 갖추지 못한 경우

② 등록이 취소된 자는 취소된 날부터 7일 이내에 등록증을 환경부장관이나 시·도지사에게 반납하여야 한다.

(3) 생물자원 보전시설 간 정보교환체계(법 제38조)

① 환경부장관은 생물자원에 관한 정보의 효율적인 관리 및 이용과 생물자원 보전시설 간의 협력을 도모하기 위하여 다음의 기능을 내용으로 하는 정보교환체계를 구축하여야 한다.

㉠ 전산정보체계를 통한 정보 및 자료의 유통

㉡ 보유하는 생물자원에 대한 정보 교환

㉢ 생물자원 보전시설의 과학적인 관리

㉣ 그 밖에 생물자원 보전시설 간 협력에 관한 사항

② 정보교환체계의 구축(시행령 제24조) : 환경부장관은 정보교환체계를 구축하는 경우에 는 관련 정보가 보호될 수 있도록 보안대책의 마련 등 필요한 조치를 하여야 한다.

핵심유형 익히기

40 다음 중 생물자원 보전시설의 설치·운영 등록을 받을 수 없는 경우는?

① 환경부장관   ② 관할 군수
③ 광역시장   ④ 관할 도지사   ■②

41 다음 중 생물자원 보전시설의 등록에 대한 내용으로 틀린 설명은?

① 환경부령으로 정하는 시설과 요건을 갖추지 못한 경우 등록이 취소된다.
② 관할 주민센터에서 생물자원 보전시설의 등록을 신청할 수 있다.
③ 거짓이나 그 밖의 부정한 방법으로 등록한 경우 등록이 취소된다.
④ 생물자원 보전시설을 등록한 자가 등록한 사항 중 환경부령으로 정하는 사항을 변 경하려면 등록한 환경부장관 또는 관할 시·도지사에게 변경등록을 해야 한다.

■②

42 다음 중 생물자원에 관한 정보의 효율적인 관리 및 이용과 생물자원 보전시설 간의 협력을 도모하기 위하여 구축하는 정보교환체계의 기능에 대한 설명으로 틀린 것은?

① 생물자원 보전시설의 과학적인 관리
② 보유하는 생물자원에 대한 정보 교환
③ 생물자원을 활용하는 민간기관과 정보교환체계 구축
④ 전산정보체계를 통한 정보 및 자료의 유통   ■③

02 수렵 관리/수렵 절차

핵심유형
01 수렵장 *****

(1) 수렵장 설정(법 제42조)

① 시장·군수·구청장은 야생동물의 보호와 국민의 건전한 수렵활동을 위하여 대통령령으로 정하는 바에 따라 일정 지역에 수렵을 할 수 있는 장소(수렵장)를 설정할 수 있다. 다만, 둘 이상의 시·군·구의 관할구역에 걸쳐 수렵장 설정이 필요한 경우에는 대통령령으로 정하는 바에 따라 시·도지사가 설정한다.

② 누구든지 수렵장 외의 장소에서 수렵을 하여서는 아니 된다.

③ 시·도지사 또는 시장·군수·구청장은 수렵장을 설정하려면 미리 토지소유자 등 이해관계인의 의견을 들어야 하고, 수렵장을 설정하였을 때에는 지체 없이 그 사실을 고시하여야 한다.

> **수렵장 설정의 고시(시행규칙 제49조)**
> ㉠ 수렵장의 명칭 및 구역　　　　　　㉡ 존속기간
> ㉢ 수렵기간　　　　　　　　　　　　㉣ 관리소의 소재지
> ㉤ 수렵장의 사용료 및 징수방법　　　㉥ 수렵도구 및 수렵방법
> ㉦ 수렵할 수 있는 야생동물의 종류 및 포획제한수량
> ㉧ 수렵인의 수

④ 시·도지사 또는 시장·군수·구청장은 수렵장을 설정한 후 야생동물의 보호를 위하여 필요하면 수렵장의 설정을 해제하거나 변경할 수 있으며, 수렵장의 설정을 해제하거나 변경하였을 때에는 지체 없이 그 사실을 고시하여야 한다.

⑤ 시·도지사 또는 시장·군수·구청장이 수렵장을 설정하려면 환경부장관의 승인을 받아야 한다. 수렵장의 설정을 변경하거나 해제하는 경우에도 또한 같다.

◉ 수렵장 설정 승인신청시 제출하여야 하는 서류 중 수렵장 관리 및 운영계획서에 포함되어야 하는 내용(시행규칙 제50조 제2항)

㉠ 수렵장 관리소의 소재지

㉡ 수렵기간·이용방법·사용료 및 동물별 포획 요금

ⓒ 인공증식 · 방사 및 보호번식에 필요한 시설물 명세

ⓔ 수렵장에서의 수렵 금지구역 지정

ⓜ 수렵방법 및 수렵도구

ⓗ 그밖에 수렵장의 관리 및 수렵에 필요한 시설 명세

⑥ 시 · 도지사 또는 시장 · 군수 · 구청장은 수렵장을 설정하였을 때에는 환경부령으로 정하는 바에 따라 지역 주민 등이 쉽게 알 수 있도록 안내판을 설치하는 등 필요한 조치를 하여야 하며, 수렵으로 인한 위해의 예방과 이용자의 건전한 수렵활동을 위하여 필요한 시설 · 설비 등을 갖추어야 하고, 수렵장 관리규정을 정하여야 한다.

◉ 수렵장설정자 또는 수렵장의 관리 · 운영을 위탁받은 자가 갖추어야 할 시설 · 설비 (시행규칙 제51조 제2항) 2019년 출제

ⓐ 수렵장 관리소

ⓑ 안내시설 및 휴게시설

ⓒ 응급의료시설

ⓓ 사격연습시설

ⓔ 야생동물의 인공사육시설(야생동물을 인공사육하여 수렵대상 동물로 사용하는 수렵장만 해당)

ⓗ 포획물의 보관 및 처리시설

ⓢ 수렵장의 경계표지시설

ⓞ 안전관리시설

(2) 환경부 수렵장 설정업무 처리지침

① 수렵업무 관련 용어의 정의

ⓐ "수렵장설정자"라 함은 환경부장관으로부터 수렵장 설정승인을 받은 자를 말한다.

ⓑ "고정수렵장"이라 함은 존속기간 2년 이상의, 고정시설물을 설치해 환경부장관이 지정 · 고시한 수렵동물을 인공사육 방사하여 수렵하는 수렵장을 말한다.

ⓒ "순환수렵장"이라 함은 존속기간 1년 이하의, 고정수렵장 이외의 지역에서 순환 운영되는 수렵장을 말한다.

② 순환수렵장의 일반적인 수렵기간 : 11월 20일 ~ 다음해 2월 말일까지

③ 수렵장종사자의 업무 : 야생동물의 보호와 수렵 안내, 수렵인의 수렵장 내 준수사항 등 이행여부 확인, 올무 · 덫 · 창애 등 불법엽구 수거 등

④ 수렵금지구역 지정 2019년 출제

ⓐ 「야생생물 보호 및 관리에 관한 법률」에 따라 수렵장에서의 수렵금지구역을 지정

    ⓛ 법에 따른 수렵장 설정 제한지역을 포함하여 <u>야생생물보호구역, 공원구역, 문화재</u>
    <u>보호구역, 생태계보전지역, 기타 금렵구 등</u> 유형별로 수렵금지구역의 명칭, 위치,
    면적 등 세부내역서 제출

⑤ 수렵장 선정 기준
    ㉠ 야생동물 서식밀도, 야생동물 보호의지 등 수렵관리 행정능력을 갖춘 시·군을 선
    정하되 가급적 인접한 2개 이상 시·군을 권역화하여 설정
    ⓛ 유해야생동물에 의한 피해를 최소화하기 위하여 유해야생동물 피해가 많이 발생하
    고 있는 지역은 우선적으로 설정

⑥ <u>수렵동물 확인표지 및 포획량 제한</u>
    ㉠ 수렵장 사용료 및 포획수량 : 수렵동물의 종류와 엽구 및 수렵장 사용일수별 포획
    수량은 지역의 서식밀도 등을 감안 수렵장 설정권자가 자율적으로 설정·고시
    ⓛ 수렵승인인원 : 수렵장 설정자는 수렵가능면적을 기준으로 최대수용인원을 산정하
    고, 포획예상량에 따른 확인표지 발급가능 수량을 고려하여 최대수용인원 범위내
    에서 수렵승인인원 결정
    ⓒ 수렵동물 확인표지 운영 : 포획선호동물에 확인표지를 부착하여 포획량 관리
    ⓔ 확인표지 구매·보급 : 수렵장 설정자는 확인표지를 직접 구매·제작하여 보급하거
    나 위탁자에게 확인표지를 구매·제작보급토록 조치
    ⓜ 포획신고 : 수렵기간 종료 후 15일 이내 포획승인증에 포획동물의 정보(종, 성별,
    무게, 포획날짜·장소 등)를 기재하여 <u>남은 확인표지와 함께 포획신고</u> 2019년 출제

⑦ <u>수렵장 관리사무소 등 설치 및 홍보</u> 2019년 출제
    ㉠ 관리사무소 : 안전사고 예방 및 수렵장 안내 등을 위하여 시·군청, 면사무소, 주유
    소, 파출소 등 10개소 이상 설치·운영
    ⓛ 수렵장 안내판 등 설치 : 1㎢ 당 0.3개 이상 설치, 안전사고 우려지역 등을 쉽게 인
    지할 수 있도록 표지판·플래카드·테이프 등을 설치
    ⓒ 수렵금지구역, 주요 관광지 및 등산로, 인가, 축사, 시설물 등이 표시된 수렵안내
    지도 및 관리사무소 위치 등 수렵장 운영과 관련된 정보가 포함된 수렵안내서를 발
    간하여 수렵인 개인별로 배부
    ⓔ 총기사고 및 수렵장 운영으로 인한 주민피해 예방을 위해 주민에 대한 홍보계획 수
    립·추진

핵심유형 익히기

01 수렵장설정자가 수렵장 안에서 포획할 수 있는 수렵동물의 종류와 수량 및 엽구를 정할 경우에 대한 설명으로 틀린 것은?

① 수렵이 이루어진 후 포획수량이 급격히 증가하여 서식밀도에 커다란 변화가 있는 경우 수렵을 금지하여야 한다.
② 고정수렵장 설정자는 인공사육하여 방사하는 동물을 수렵동물로 지정할 수 있다.
③ 포획수량이 적어 수렵이 이루어져도 생태계에 미치는 영향이 적을 것으로 판단되는 경우 지정할 수 있다.
④ 수렵장설정자는 수렵장 안의 모든 동물을 수렵 가능하도록 지정할 수 있다.

■④

02 다음 중 순환수렵장의 일반적인 수렵기간으로 옳은 것을 고르면?

① 6월 1일 ~ 10월 말
② 11월 20일 ~ 2월 말
③ 3월 1일 ~ 4월 말
④ 5월 1일 ~ 10월 말

■②

03 야생동물보호와 수렵업무 관련 용어에 대한 설명으로 틀린 것은?

① "일반수렵장"이라 함은 존속기간 5년 이상의, 일반적인 수렵을 즐길 수 있는 수렵장을 말한다.
② "순환수렵장"이라 함은 존속기간 1년 이하의, 고정수렵장 이외의 지역에서 순환 운영되는 수렵장을 말한다.
③ "고정수렵장"이라 함은 존속기간 2년 이상의, 고정시설물을 설치해 환경부장관이 지정·고시한 수렵동물을 인공사육 방사하여 수렵하는 수렵장을 말한다.
④ "수렵장설정자"라 함은 환경부장관으로부터 수렵장 설정승인을 받은 자를 말한다.

■①

04 다음 중 수렵장 선정기준에 대한 설명으로 옳은 것은?

① 유해야생동물 피해가 많이 발생하고 있는 지역을 우선적으로 설정
② 국가 소유지의 지역을 기준으로 하며 인근에 도심이 없는 지역
③ 특별한 기준은 없으며 수렵장설정자가 임의로 지정함.
④ 야생동물 서식밀도, 야생동물 보호의지 및 수렵관리 행정능력을 갖춘 시·군을 선정하되 가급적 인접한 4개 이상 시·군을 권역화하여 설정

■①

05 수렵장 설정자가 갖추어야 할 시설 및 설비로 옳지 않은 것은?

① 주유소 및 편의점
② 포획물의 보관 및 처리시설
③ 수렵장 관리소
④ 수렵장 안내시설 및 휴게시설

■①

06 다음 중 수렵장 설정시 운영계획서에 포함되어야 할 내용이 아닌 것은?

① 수렵인 교육 내용
② 수렵방법 및 수렵도구
③ 수렵기간·이용방법·사용료 및 동물별 포획요금
④ 수렵장 관리소 소재지　　　　　　　　　　　　　　　　　　　■①

07 다음 중 수렵장의 안전에 대한 주민홍보 내용으로 틀린 내용은?

① 수렵장 이용 증진을 위한 적극 홍보와 지역발전을 위한 여러 이벤트 실시
② 지역신문·방송, 반상회, 마을방송 등을 통한 사전 홍보로 주민 불안감 해소
③ 고속도로 등 주요 진입도로 주변, 관공서, 주유소, 관광지 등 사람들이 많이 다니는 장소에 수렵장 운영에 대한 안내판, 플래카드 설치를 통한 주민 및 외지인에 대한 홍보
④ 총기사고 및 수렵장 운영으로 인한 주민피해 예방을 위해 주민 대상 홍보계획 수립·추진　　　　　　　　　　　　　　　　　　　■①

핵심유형
02 수렵동물의 지정/수렵승인/수렵보험 ★★★★

(1) 수렵동물의 지정(법 제43조)

① <u>환경부장관은 수렵장에서 수렵할 수 있는 야생동물(수렵동물)의 종류를 지정·고시하여야 한다.</u> 2019년 출제

② 환경부장관이나 지방자치단체의 장은 수렵장에서 수렵동물의 보호·번식을 위하여 수렵을 제한하려면 수렵동물을 포획할 수 있는 기간(수렵기간)과 그 수렵장의 수렵동물 종류·수량, 수렵 도구, 수렵 방법 및 수렵인의 수 등을 정하여 고시하여야 한다.

③ 환경부장관은 수렵동물의 지정 등을 위하여 야생동물의 종류 및 서식밀도 등에 대한 조사를 주기적으로 실시하여야 한다.

(2) 수렵승인(법 제50조)

① 수렵장에서 수렵동물을 수렵하려는 사람은 수렵장을 설정한 자(수렵장설정자)에게 환경부령으로 정하는 바에 따라 수렵장 사용료를 납부하고, 수렵승인을 받아야 한다. ⇒ <u>위반 시 2년 이하의 징역 또는 2천만 원 이하의 벌금</u>

② 수렵승인을 받아 수렵한 사람은 환경부령으로 정하는 바에 따라 수렵한 동물에 수렵동물임을 확인할 수 있는 표지를 부착하여야 한다. ⇒ <u>위반 시 1백만 원 이하의 과태료</u>

(3) 수렵보험(제51조)

수렵장에서 수렵동물을 수렵하려는 사람은 수렵으로 인하여 다른 사람의 생명·신체 또는 재산에 피해를 준 경우에 이를 보상할 수 있도록 대통령령으로 정하는 바에 따라 보험에 가입하여야 한다.

① 사람을 사망 및 부상하게 하는 경우 : 1억 원 이상

② 재산손해의 경우 : 3천만 원 이상

(4) 수렵면허증 휴대의무(법 제52조)

수렵장에서 수렵동물을 수렵하려는 사람은 관련법에 따른 수렵면허증을 지니고 있어야 한다.

핵심유형 익히기

08 다음 중 「야생생물 보호 및 관리에 관한 법률」에 의거 수렵장의 설정권자가 될 수 없는 경우는?

① 도지사   ② 시장·군수·구청장
③ 산림청장   ④ 광역시장   ■③

09 다음 중 수렵장설정의 고시내용에 포함되지 않는 내용은?

① 수렵장의 사용료   ② 수렵기간
③ 수렵장의 명칭 및 구역   ④ 수렵장에서 사용될 총기류 실탄의 수량
                                                  ■④

10 의무사항인 수렵보험의 보상 규정으로 옳은 것은?

① 사람을 사망 및 부상하게 하는 경우 1억 원 이상, 재산손해의 경우 3천만 원 이상
② 사람을 사망 및 부상하게 하는 경우 2억 원 이상, 재산손해의 경우 4천만 원 이상
③ 사람을 사망 및 부상하게 하는 경우 2억 원 이상, 재산손해의 경우 2천만 원 이상
④ 사람을 사망 및 부상하게 하는 경우 1억 원 이상, 재산손해의 경우 1천만 원 이상
                                                  ■①

11 다음 중 수렵장 설정자가 갖추는 시설의 종류로 옳지 않은 것은?

① 수렵장 관리소   ② 수렵장 숙소
③ 포획물 처리시설   ④ 사격연습시설   ■②

03 수렵장의 설정 제한지역/수렵 제한 ****

(1) 수렵장의 설정 제한지역(법 제54조)

다음에 해당하는 지역은 수렵장으로 설정할 수 없다.

① 특별보호구역 및 보호구역

② 생태 · 경관보전지역 및 같은 법 제23조에 따라 지정된 시 · 도 생태 · 경관보전지역

③ 습지보호지역

④ 자연공원 및 도시공원

⑤ 군사기지 및 군사시설 보호구역

⑥ 관련법에 따른 도시지역

⑦ 문화재가 있는 장소 및 지정된 보호구역

⑧ 지정된 관광지등

⑨ 자연휴양림, 채종림 및 산림유전자원보호구역의 산지

⑩ 수목원

⑪ 능묘, 사찰, 교회의 경내

⑫ 그 밖에 야생동물의 보호 등을 위하여 환경부령으로 정하는 장소

(2) 수렵 제한(법 제55조) 2019년 출제

수렵장에서도 다음에 해당하는 장소 또는 시간에는 수렵을 하여서는 아니 된다. ⇒ 위반 시 1년 이하의 징역 또는 1천만 원 이하의 벌금

① 시가지, 인가 부근 또는 그 밖에 여러 사람이 다니거나 모이는 장소로서 환경부령으로 정하는 장소(여러 사람이 모이는 행사 · 집회 장소 또는 광장)

② 해가 진 후부터 해뜨기 전까지

③ 운행 중인 차량, 선박 및 항공기

④ 도로로부터 100미터 이내의 장소(도로 쪽을 향하여 수렵을 하는 경우에는 도로로부터 600미터 이내의 장소를 포함)

⑤ 문화재가 있는 장소 및 지정된 보호구역으로부터 1킬로미터 이내의 장소

⑥ 울타리가 설치되어 있거나 농작물이 있는 다른 사람의 토지(점유자의 승인을 받은 경우는 제외)

⑦ 그밖에 인명, 가축, 문화재, 건축물, 차량, 철도차량, 선박 또는 항공기에 피해를 줄 우려가 있어 환경부령으로 정하는 장소 및 시간

● 수렵 제한지역(시행규칙 제70조 제2항)
㉠ 해안선으로부터 100미터 이내의 장소(해안 쪽을 향하여 수렵을 하는 경우에는 해안선으로부터 600미터 이내의 장소를 포함)
㉡ 수렵장설정자가 야생동물 보호 또는 인명 · 재산 · 가축 · 철도차량 및 항공기 등에 대한 피해 발생의 방지를 위하여 필요하다고 인정하는 지역

핵심유형 익히기

12 다음 중 수렵장의 설정 제한지역이 아닌 곳은?

① 해발 300m 높이의 산림지대
② 능묘·사찰·교회의 경내
③ 법에 따른 문화재가 있는 장소
④ 관광진흥법 규정에 의하여 지정된 관광지   ■①

13 다음 중 수렵 제한에 대한 설명으로 옳은 것은?

① 다른 사람의 토지는 점유자의 승인이 있어도 수렵이 불가능하다.
② 시가지나 인가 부근에서는 허가 하에 수렵이 가능하다.
③ 야간 수렵은 수렵장 설정자의 허가 하에 가능하다.
④ 운행 중인 차량, 선박 및 항공기에서는 수렵이 제한된다.   ■④

14 수렵 제한에 대한 설명으로 틀린 내용은?

① 17시부터 다음날 06시까지 수렵 제한 시간이다.
② 운행 중인 차량에서 수렵은 할 수 없다.
③ 문화재 보호구역으로부터 1km 밖의 장소에서 수렵이 가능하다.
④ 해가 진 후 부터 해뜨기 전까지   ■①

핵심유형
04 수렵장의 위탁관리/포상금 ★★★

(1) 수렵장의 위탁관리(법 제53조)

① 수렵장설정자는 수렵동물의 보호 · 번식과 수렵장의 효율적 운영을 위하여 필요하면 대통령령으로 정하는 요건을 갖춘 자에게 수렵장의 관리 · 운영을 위탁할 수 있다.

② 수렵장설정자가 수렵장의 관리·운영을 위탁할 때에는 대통령령으로 정하는 바에 따라 환경부장관에게 보고하여야 한다.

③ 수렵장의 관리·운영을 위탁받은 자는 지역 주민 등이 쉽게 알 수 있도록 안내판을 설치하는 등 필요한 조치를 하여야 하며, 수렵으로 인한 위해의 예방과 이용자의 건전한 수렵활동을 위하여 필요한 시설·설비 등을 갖추어야 하고, 수렵장 관리규정을 정하여 수렵장설정자의 승인을 받아야 하며, 수렵장 운영실적을 수렵장설정자에게 보고하여야 한다.

④ 수렵장의 시설·설비, 수렵장 관리규정 및 수렵장 운영실적의 보고에 필요한 사항은 환경부령으로 정한다.

(2) 수렵장운영실적의 보고(시행규칙 제66조 1항)

수렵장설정자는 법 제50조 제4항에 따라 다음 각 호의 사항을 수렵기간이 끝난 후 30일 이내에 환경부장관에게 보고하여야 한다.

① 수렵장 이용자 및 야생동물 포획 상황

② 수렵장 사용료 등 수입 현황

③ 수렵장 운영경비 명세 및 수입금의 사용명세

(3) 포상금(법 제57조) 2019년 출제

환경부장관이나 지방자치단체의 장은 다음에 해당하는 자를 환경행정관서 또는 수사기관에 발각되기 전에 그 기관에 신고 또는 고발하거나 위반현장에서 직접 체포한 자와 불법 포획한 야생동물 등을 신고한 자, 불법 포획 도구를 수거한 자 및 질병에 걸린 것으로 확인되거나 걸릴 우려가 있는 야생동물(죽은 야생동물을 포함)을 신고한 자에게 대통령령으로 정하는 바에 따라 포상금을 지급할 수 있다.

① 불법적으로 포획·수입 또는 반입한 야생동물, 이를 사용하여 만든 음식물 또는 가공품을 취득·양도·양수·운반·보관하거나 그러한 행위를 알선한 자

② 덫, 창애, 올무 또는 그밖에 야생동물을 포획할 수 있는 도구를 제작·판매·소지 또는 보관한 자

③ 멸종위기 야생생물을 포획·채취등을 한 자

④ 멸종위기 야생생물의 포획·채취등을 위하여 폭발물, 덫, 창애, 올무, 함정, 전류 및 그물을 설치 또는 사용하거나 유독물, 농약 및 이와 유사한 물질을 살포하거나 주입한 자

⑤ 허가 없이 국제적 멸종위기종 및 그 가공품을 수출·수입·반출 또는 반입한 자

⑥ 야생생물을 포획 · 채취 또는 죽이거나 야생생물을 포획 · 채취하거나 죽이기 위하여 폭발물, 덫, 창애, 올무, 함정, 전류 및 그물을 설치 또는 사용하거나 유독물, 농약 및 이와 유사한 물질을 살포하거나 주입한 자

⑦ 야생생물 및 그 가공품을 수출 · 수입 · 반출 또는 반입한 자

⑧ 생태계교란 생물을 수입 · 반입 · 사육 · 재배 · 방사 · 이식 · 양도 · 양수 · 보관 · 운반 또는 유통한 자

⑨ 수렵장 외의 장소에서 수렵한 사람

⑩ 지정 · 고시된 수렵동물 외의 동물을 수렵한 사람

⑪ 지정 · 고시된 수렵기간이 아닌 때에 수렵하거나 수렵장에서 수렵을 제한하기 위하여 지정 · 고시한 사항을 지키지 아니한 사람

⑫ 수렵장설정자로부터 수렵승인을 받지 아니하고 수렵한 사람

⑬ 수렵 제한사항을 지키지 아니한 사람

⑭ 야생동물을 포획할 목적으로 총기와 실탄을 같이 지니고 돌아다니는 사람

⑮ 예방접종 · 격리 · 이동제한 · 출입제한 또는 살처분 명령에 따르지 아니한 자

핵심유형 익히기

15 다음 중 수렵장의 위탁관리에 대한 내용으로 틀린 것은?

① 수렵장설정자는 생태·경관이 우수한 지역을 수렵장으로 설정해 관리·운영을 위탁할 수 있다.
② 수렵장설정자는 법적 요건을 갖춘 자에게 수렵장 관리·운영을 위탁할 수 있다.
③ 수렵장의 관리·운영을 위탁받은 자는 수렵장관리규정을 정하여야 한다.
④ 수렵장관리규정은 수렵장설정자의 승인을 받아야 한다.　　　　■①

16 다음 중 수렵장 운영실적 보고사항에 포함되는 내용은?

① 수렵장 수입금의 사용계획
② 수렵장 약도
③ 수렵장 인근 지역 숙박시설
④ 수렵장 이용자 및 야생동물 포획상황　　　　■④

17 「야생생물 보호 및 관리에 관한 법률」에 따라 포상금 지급 대상이 아닌 경우는?

① 불법 포획한 야생동물 등을 신고한 경우

② 불법포획자를 환경행정관서 또는 수사기관에 발각되기 전에 당해 기관에 신고 또는 고발하는 경우

③ 불법포획자를 위반현장에서 직접 체포하는 경우

④ 불법포획자로부터 포획야생동물을 압수하여 해당 기관으로 이송하는 경우

■④

핵심유형
05 수렵면허의 종류와 수렵면허시험 *****

(1) 수렵면허(법 제44조)

① 수렵장에서 수렵동물을 수렵하려는 사람은 대통령령으로 정하는 바에 따라 그 주소지를 관할하는 시장·군수·구청장으로부터 수렵면허를 받아야 한다(허가제). ^{2019년 출제}

　◉ 수렵면허를 받지 아니하고 수렵한 자 ⇒ 위반 시 2년 이하의 징역 또는 2천만 원 이하의 벌금

② 수렵면허의 종류 ^{2019년 출제}

　㉠ 제1종 수렵면허 : 총기를 사용하는 수렵

　㉡ 제2종 수렵면허 : 총기 외의 수렵 도구(그물, 활)를 사용하는 수렵 ^{2019년 출제}

③ 수렵면허를 받은 사람은 환경부령으로 정하는 바에 따라 5년마다 수렵면허를 갱신하여야 한다. ^{2019년 출제}

④ 수렵면허를 받거나 수렵면허를 갱신하려는 사람 또는 수렵면허를 재발급받으려는 사람은 환경부령으로 정하는 바에 따라 수수료를 내야 한다.

　◉ 수렵면허 수수료(시행규칙 제53조)

　㉠ 수렵면허를 받거나 수렵면허를 갱신 또는 재발급받으려는 사람이 내야 하는 수수료는 1만원으로 한다.

　㉡ 수수료는 특별자치도·시·군·구의 수입증지로 내야 한다. 다만, 시장·군수·구청장은 정보통신망을 이용한 전자화폐·전자결제 등의 방법으로 수수료를 내게 할 수 있다.

(2) 수렵면허시험(법 제45조)

① 수렵면허를 받으려는 사람은 수렵면허의 종류별로 수렵에 관한 법령 등 환경부령으로 정하는 사항에 대하여 시·도지사가 실시하는 수렵면허시(접수 수수료 1만 원)험에 합

격하여야 한다.

② 수렵면허시험의 실시방법, 절차, 그밖에 필요한 사항은 대통령령으로 정한다.

◉ 수렵면허시험의 실시방법(시행령 제31조)

㉠ 수렵면허시험의 방법은 필기시험(4지선다 택1형)을 원칙으로 하되, 시·도지사가 필요하다고 인정하는 경우에는 실기시험을 추가할 수 있다.

㉡ 수렵면허시험의 합격기준은 과목당 100점을 만점으로 하여 <u>매 과목 40점 이상, 전 과목 평균 60점 이상</u>으로 한다.

(3) <u>수렵면허시험 대상 : 시험과목(시행규칙 제54조)</u>

① 수렵에 관한 법령 및 수렵의 절차

② 야생동물의 보호·관리에 관한 사항

③ 수렵도구의 사용방법

④ 안전사고의 예방 및 응급조치에 관한 사항

(4) <u>수렵면허시험의 공고(시행규칙 제55조)</u>

① 시·도지사는 수렵면허시험의 필기시험일 30일 전에 수렵면허시험 실시 공고서에 따라 수렵면허시험의 공고를 하여야 한다.

② 공고는 시·도 또는 시·군·구의 인터넷 홈페이지와 게시판·일간신문 또는 방송으로 하여야 한다.

③ 시·도지사는 매년 2회 이상 수렵면허시험을 실시하여야 한다.

◉ 수렵면허시험 합격자 발표(시행규칙 제57조) : 시·도지사는 특별한 사정이 있는 경우를 제외하고는 시험 실시 후 10일 이내에 면허시험의 합격자를 발표하여야 한다.

(5) <u>수렵면허 결격사유(법 제46조)</u>

다음에 해당하는 사람은 수렵면허를 받을 수 없다.

① <u>미성년자</u> 2019년 출제

② <u>심신상실자, 정신질환자, 마약류중독자</u>

③ 야생생물 보호 및 관리에 관한 법률을 위반하여 금고 이상의 실형을 선고받고 그 집행이 끝나거나 집행이 면제된 날부터 <u>2년</u>이 지나지 아니한 사람

④ 야생생물 보호 및 관리에 관한 법률을 위반하여 금고 이상의 형의 집행유예를 선고받고 그 유예기간 중에 있는 사람

⑤ 수렵면허가 취소된 날부터 <u>1년</u>이 지나지 아니한 사람

18 다음 중 수렵면허에 대한 설명으로 틀린 것은?

① 수렵면허의 갱신주기 - 5년
② 수렵면허의 발부 - 신청자의 주소지 관할 시·도지사
③ 제1종 수렵면허 - 총기를 사용하는 수렵
④ 제2종 수렵면허 - 석궁 등 총기외의 수렵도구를 사용하는 수렵　　■②

19 수렵면허의 발급 절차에 대한 설명으로 옳은 것은?

① 수렵면허의 종류별로 수렵에 관한 법령 등 환경부령으로 정하는 사항에 대하여 시·도지사가 실시하는 수렵면허시험에 합격하여야 한다.
② 총기사용 허가만 받으면 누구나 수렵면허를 취득할 수 있다.
③ 관할 주소지 시장·군수·구청장에게 수렵면허를 신청한 후 허가를 받는다.
④ 수렵장에서 직접 수렵면허를 신청한 후 기본적인 테스트를 거친다.　　■①

20 다음 중 수렵면허 취득의 결격사유가 아닌 경우는?

① 운전면허 미소지자
② 정신보건법 제3조 제1호에 따른 정신질환자
③ 수렵면허가 취소된 날부터 1년이 지나지 아니한 사람
④ 미성년자　　■①

21 다음 중 수렵면허시험에 대한 내용 중 틀린 것은?

① 시험은 매년 4회 이상 실시한다.
② 응시원서는 수렵면허시험 지원서식에 맞춰 작성한다.
③ 필기시험일 30일 전에 수렵면허시험 실시 공고를 한다.
④ 시·도·군·구의 인터넷 홈페이지와 게시판·일간신문 또는 방송으로 공고한다.

　　■①

22 다음 중 수렵면허시험 수수료의 반납 규정에 대한 설명으로 옳지 않은 것은?

① 시험 시행일 당일 접수를 취소하는 경우 : 30% 반납
② 수수료를 과오납한 경우 : 과오납한 금액 전부
③ 시험 시행일 10일 전까지 접수를 취소하는 경우 : 50% 반납
④ 시험관리 기관의 귀책사유로 시험에 응시하지 못하는 경우 : 100% 반납　　■①

핵심유형
06 수렵 강습/수렵면허의 취소 · 정지 *****

(1) 수렵 강습(법 제47조)

① 수렵면허를 받으려는 사람은 <u>수렵면허시험에 합격(합격증을 발급받은 날부터 5년 이내)</u>한 후 환경부령으로 정하는 바에 따라 환경부장관이 지정하는 전문기관(수렵강습기관)에서 수렵의 역사 · 문화, 수렵 시 지켜야 할 안전수칙 등에 관한 강습을 받아야 한다. _{2019년 출제}

- ◉ 강습과목과 과목별 강습시간(시행규칙 별표 10) *
- ㉠ 수렵의 역사 · 문화, 수렵에 관한 법령 및 수렵의 절차, 야생동물의 보호 · 관리에 관한 사항 : 1시간
- ㉡ 수렵도구의 사용법, 안전수칙 및 사고발생 시 조치방법 : 1시간(실기 강습은 제외)

② 수렵면허를 갱신하려는 사람은 환경부령으로 정하는 바에 따라 수렵강습기관에서 수렵 시 지켜야 할 안전수칙과 수렵에 관한 법령 및 수렵의 절차 등에 관한 강습을 받아야 한다.

- ◉ 수렵강습기관의 지정신청서 서류(시행규칙 제58조 2항)
- ㉠ 법인등기부등본
- ㉡ 기관 또는 단체 등록증
- ㉢ 전문인력 명세서
- ㉣ 수렵강습기관 시설 명세서
- ㉤ 사업계획서(실기 강습 운영계획을 포함)
- ㉥ 수렵 강습 교재

③ 수렵강습기관의 장은 강습을 받은 사람에게 강습이수증을 발급하여야 한다.

④ 수렵강습기관의 장은 수렵 강습을 받으려는 사람에게 환경부령으로 정하는 바에 따라 수강료(수강료는 2만 원)를 징수할 수 있다.

⑤ 수렵강습기관의 지정기준 및 지정서 교부 등에 관한 사항은 환경부령으로 정한다.

(2) 수렵강습기관의 지정취소(법 제47조의2)

① 환경부장관은 수렵강습기관이 다음에 해당하는 경우에는 그 지정을 취소할 수 있다.
- ㉠ 거짓이나 그 밖의 부정한 방법으로 지정을 받은 경우
- ㉡ 수렵 강습을 받지 아니한 사람에게 강습이수증을 발급한 경우
- ㉢ 환경부령으로 정하는 지정기준 등의 요건을 갖추지 못한 경우

② 지정이 취소된 자는 취소된 날부터 7일 이내에 지정서를 환경부장관에게 반납하여야 한다.

(3) 수렵면허증의 발급(법 제48조)

① 시장·군수·구청장은 수렵면허시험에 합격하고, 강습이수증을 발급받은 사람에게 환경부령으로 정하는 바에 따라 수렵면허증을 발급하여야 한다.

◉ 수렵면허의 신청 및 갱신(시행규칙 제52조)

㉠ 수렵면허의 신청 및 갱신 신청 서류 : 수렵면허의 유효기간은 5년

수렵면허 신청	수렵면허 갱신
• 수렵면허 신청서 • 수렵면허시험 합격증 • 수렵 강습 이수증(최근 1년 이내만 해당) • 신체검사서(최근 1년 이내만 해당) • 총포 소지허가증 사본 • 증명사진 1장	• 수렵면허 갱신신청서 • 신체검사서(최근 1년 이내만 해당) • 총포 소지허가증 사본 • 수렵면허증 • 수렵 강습 이수증(최근 1년 이내만 해당) • 증명사진 1장

㉡ 수렵면허를 갱신하려는 자는 수렵면허의 유효기간이 끝나는 날의 3개월 전부터 수렵면허의 유효기간이 끝나는 날까지 수렵면허 갱신신청서에 서류를 첨부하여 시장·군수·구청장에게 제출해야 한다.

② 수렵면허의 효력은 수렵면허증을 본인이나 대리인에게 발급한 때부터 발생하고, 발급받은 수렵면허증은 다른 사람에게 대여하지 못한다. ⇒ 위반 시 1년 이하의 징역 또는 1천만 원 이하의 벌금

③ 수렵면허증을 잃어버렸거나 손상되어 못 쓰게 되었을 때에는 환경부령으로 정하는 바에 따라 재발급 받아야 한다.

◉ 수렵면허증 재발급 신청(시행규칙 제61조)

㉠ 수렵면허증 재발급 신청 서류 : 수렵면허 재발급 신청서, 수렵면허증(수렵면허증을 분실한 경우는 제외), 증명사진 1장

㉡ 수렵면허증을 발급받은 사람은 수렵면허증의 기재사항이 변경된 경우에는 변경된 날부터 30일 이내에 수렵면허 기재사항 변경신청서에 수렵면허증을 첨부하여 시장·군수·구청장에게 제출해야 한다. 다만, 수렵면허증의 기재사항 중 주소가 변경된 경우에는 해당 수렵면허증만 제출할 수 있다.

(4) 수렵면허의 취소·정지(법 제49조) 2019년 출제

① 시장·군수·구청장은 수렵면허를 받은 사람이 다음에 해당하는 경우에는 수렵면허를 취소하거나 1년 이내의 범위에서 기간을 정하여 그 수렵면허의 효력을 정지할 수 있다. 2019년 출제

㉠ 거짓이나 그 밖의 부정한 방법으로 수렵면허를 받은 경우(반드시 수렵면허를 취소)

ⓛ 수렵면허를 받은 사람이 법 제46조 결격사유에 해당하는 경우(반드시 수렵면허를 취소)
- ◉ 법 제46조 중 결격사유 중 면허취소에 해당하는 경우
- 미성년자, 심신상실자, 정신질환자, 마약류중독자
- 금고 이상의 실형을 선고받고 2년이 지나지 아니한 사람
- 금고 이상의 형의 집행유예를 선고받고 그 유예기간 중에 있는 사람

ⓒ 수렵 중 고의 또는 과실로 다른 사람의 생명 · 신체 또는 재산에 피해를 준 경우

ⓡ 수렵 도구를 이용하여 범죄행위를 한 경우

ⓜ 규정을 위반하여 멸종위기 야생동물을 포획한 경우 ^{2019년 출제}

ⓗ 규정을 위반하여 야생동물을 포획한 경우

ⓢ 규정을 위반하여 유해야생동물을 포획한 경우

ⓞ 규정을 위반하여 수렵면허를 갱신하지 아니한 경우

ⓩ 규정을 위반하여 수렵을 한 경우

ⓒ 수렵이 제한되는 장소 또는 시간에 수렵을 한 경우

② 수렵면허의 취소 또는 정지 처분을 받은 사람은 취소 또는 정지 처분을 받은 날부터 7일 이내에 수렵면허증을 시장 · 군수 · 구청장에게 반납하여야 한다.

핵심유형 익히기

23 다음 중 수렵 면허증의 발급에 관한 설명으로 옳은 것은?

① 수렵면허증을 잃어버린 경우 재발급은 없고 다시 면허시험을 치러야 한다.
② 수렵면허증은 대리인에게 대여가 가능하다.
③ 수렵면허의 효력은 수렵면허증을 본인에게 발급한 때부터 발생한다.
④ 수렵면허증을 발급 받은 후 1년 안에 수렵면허시험에 합격하여야 한다.　　■③

24 수렵강습을 받기 위한 수강신청 절차에 대한 설명으로 틀린 것은?

① 수렵강습기관에서 공고한 수렵강습 실시 예정일 7일 전까지 수강신청해야 한다.
② 수렵강습기관의 장에게 법정 수강료를 납부해야 한다.
③ 법정 서식을 갖춘 수렵강습 신청서를 강습시작일 전까지 수렵강습기관의 장에게 제출하여야 한다.
④ 수렵면허시험 합격증을 발급받은 날부터 5년 이내에 수강신청을 해야 한다.　　■①

25 다음 중 수렵강습기관의 지정취소 사유가 아닌 경우는?

① 수렵 강습비를 받고 강습을 진행한 경우
② 환경부령으로 정하는 지정기준 등의 요건을 갖추지 못한 경우
③ 수렵 강습을 받지 아니한 사람에게 강습이수증을 발급한 경우
④ 거짓이나 그 밖의 부정한 방법으로 지정을 받은 경우 ■①

26 수렵면허를 갱신하고자 할 경우 신청서 제출 기간으로 옳은 것은?

① 유효기간 만료일 1개월 전부터 유효기간 만료일 까지
② 유효기간 만료일 2개월 전부터 유효기간 만료일 까지
③ 유효기간 만료일 3개월 전부터 유효기간 만료일 까지
④ 유효기간 만료일 4개월 전부터 유효기간 만료일 까지 ■③

27 수렵면허의 취소·정지 사유에 대한 사례로 옳은 것은?

① 수렵면허증을 재발급 받게 된 경우
② 수렵면허가 취소되어 1년이 지난 후 수렵면허시험을 통과한 경우
③ 수렵면허시험을 통해 수렵면허증을 발급받은 경우
④ 멸종위기 야생동물을 포획한 경우 ■④

28 다음 중 수렵면허 갱신 신청시 필요한 서류가 아닌 것은?

① 수렵면허증　　　　　　　② 건강보험득실확인서
③ 수렵면허 갱신 신청서　　④ 신체검사서 ■②

29 다음 중 수렵면허가 취소되었을 때 수렵면허증을 반납해야 하는 기간은?

① 면허취소 처분을 받은 날부터 5일 이내
② 면허취소 처분을 받은 날부터 7일 이내
③ 면허취소 처분을 받은 날부터 15일 이내
④ 면허취소 처분을 받은 날부터 30일 이내 ■②

핵심유형
07 수렵의 절차 ★★★★

(1) 수렵절차 개요

총기소지허가 → 수렵면허시험 → 수렵강습 실시 → 수렵면허취득 → 수렵보험 가입 →
야생동물 포획승인 → 수렵팀 편성 → 경찰서 총기 출고

(2) 총기소지허가

① **총포 · 도검 · 화약류 · 분사기 · 전자충격기 · 석궁의 소지허가**(총포 · 도검 · 화약류 등의
안전관리에 관한 법률 제12조)
총포 · 도검 · 화약류 · 분사기 · 전자충격기 · 석궁을 소지하려는 경우에는 행정안전부
령으로 정하는 바에 따라 허가를 받아야 한다.

② **총포 · 도검 · 화약류 · 분사기 · 전자충격기 · 석궁 소지자의 결격사유**(총포 · 도검 · 화약
류 등의 안전관리에 관한 법률 제13조)

　㉠ 20세 미만인 자(대한체육회장이나 특별시 · 광역시 · 특별자치시 · 도 또는 특별자
치도의 체육회장이 추천한 선수 또는 후보자가 사격경기용 총을 소지하려는 경우
는 제외

　㉡ 심신상실자, 마약 · 대마 · 향정신성의약품 또는 알코올 중독자, 정신질환자 또는
뇌전증 환자로서 대통령령으로 정하는 사람

　㉢ 금고 이상의 실형을 선고받고 그 집행이 끝나거나 면제된 날부터 5년이 지나지 아
니한 자

　㉣ 이 법을 위반하여 벌금형을 선고받고 5년이 지나지 아니한 자

　㉤ 특정강력범죄를 범하여 벌금형의 선고 또는 징역 이상의 형의 집행유예를 선고받
고 그 유예기간이 끝난 날부터 5년이 지나지 아니한 자

　㉥ 이 법을 위반하여 금고 이상의 형의 집행유예를 선고받고 그 유예기간이 끝난 날부
터 3년이 지나지 아니한 자

　㉦ 다음에 해당하는 죄를 범하여 벌금형을 선고받고 5년이 지나지 아니하거나 금고 이
상의 형의 집행유예를 선고받고 그 유예기간이 끝난 날부터 5년이 지나지 아니한
사람

　　ⓐ 「형법」 제114조의 죄

　　ⓑ 「형법」 제257조 제1항 · 제2항, 제260조 및 제261조의 죄

　　ⓒ 「아동 · 청소년의 성보호에 관한 법률」 제7조 및 제8조의 죄

　　ⓓ 「도로교통법」 제148조의2의 죄(음주운전 등)로 벌금 이상의 형을 선고받은 날부

터 5년 이내에 다시 음주운전 등으로 벌금 이상의 형을 선고받고 그 집행이 종료(집행이 종료된 것으로 보는 경우를 포함)되거나 집행이 면제된 날부터 5년이 지나지 아니한 사람

    ⓔ 제45조 또는 제46조 제1항에 따라 허가가 취소된 후 1년이 지나지 아니한 자

③ <u>소지허가신청 제출 서류</u>(시행규칙 제21조)

    ㉠ 총포 소지 허가 신청서

    ㉡ 신체검사서(공기총·마취총·산업용총·구명줄발사총·가스발사총·도검·분사기·전자충격기 및 석궁의 경우외에는 종합병원 또는 병원에서 발행한 것에 한한다. 다만, 타정총·가스발사총·도검·분사기 및 전자충격기의 경우(운전면허가 있는 사람은 신체검사서를 첨부하지 아니한다)

    ㉢ 총포·도검·화약류·분사기·전자충격기·석궁의 출처를 증명할 수 있는 서류

    ㉣ 총포의 용도를 소명할 수 있는 서류(총포를 소지하는 경우에만 해당)

    ㉤ 사진(가로 2.5센티미터, 세로 3센티미터)

    ㉥ 총포 소지의 적정 여부에 대한 정신건강의학과 전문의 의견이 기재된 진단서 또는 소견서(수렵용 또는 유해조수구제용 총포를 소지하려는 경우에만 해당)

    ㉦ 병력 신고 및 개인정보 이용 동의서(수렵용 또는 유해조수구제용 총포를 제외한 총포를 소지하려는 경우에만 해당)

(3) 야생동물 포획승인

① <u>수렵승인신청 서류</u>(시행규칙 제63조 1항) : 수렵야생동물 포획승인신청서, 수렵면허증 사본, 수렵보험 가입증명서

② <u>수렵장 사용료 및 포획수량</u>(환경부 고시) : 수렵동물의 종류와 엽구 및 수렵장 사용일수별 포획수량은 지역의 서식밀도 등을 감안 수렵장 설정권자가 자율적으로 설정·고시

엽구별	기간별		수렵동물	기간별(천 원)		
				엽기내	30일	10일
1종 (엽총)	적색포획승인권		16종	500	400	300
	확인표지 개수	멧돼지				
		고라니				
		조류1종				
1종(공기총) 및 2종	청색포획승인권		15종 (멧돼지 제외)	200	150	70
	확인표지 개수	고라니				
		조류1종				

* 조류1종 : 꿩(수꿩), 멧비둘기, 참새, 오리류(쇠오리, 청둥오리, 홍머리오리, 고방오리, 흰뺨검둥오리)
** '공란'은 수렵장 설정자가 확인표지를 발급하는 수렵대상 동물의 수량을 산정하여 기재

③ 수렵동물 확인표지 운영(환경부 곳) : 포획선호동물에 확인표지를 부착하여 포획량 관리

분류	대상동물	확인표지부착 여부
포획선호동물	멧돼지, 고라니,	부착
	꿩, 멧비둘기, 참새, 오리류(5종)	
포획기피동물	청설모, 어치, 까치, 까마귀류(3종)	

* 참새는 포획선호동물이나 확인표지는 미부착
** 오리류(5종) : 쇠오리, 청둥오리, 홍머리오리, 고방오리, 흰뺨검둥오리
*** 까마귀류(3종) : 까마귀, 갈까마귀, 떼까마귀

(4) 경찰서 총기 출고

① 경찰관서에 총기(부품)가 보관되어 있는 사람은 총기를 반환받고자 하는 이유와 이를 증명하는 서류 등을 제출하고 총기와 총포안전관리수첩을 교부받게 된다.

② **총기반환에 필요한 증명 및 제출서류**

    ㉠ 수렵면허증 사본

    ㉡ 수렵야생동물포획승인증 사본

    ㉢ 총포해제 신청서

    ㉣ 사용각서

③ **수렵장에서의 총기 관리**

    ㉠ 수렵 총기는 오전 6시부터 출고가 가능하며 오후 10시까지 가까운 경찰관서에서 입고해야 한다.

    ㉡ 총기 입·출고 사항은 경찰에서 전산 처리되고 있으나 반드시 수렵총기 안전관리 수첩에 경찰관의 서명을 받아 입·출고 사항을 꼼꼼히 기록해 둘 필요가 있다.

④ **총기반납** : 경찰관서에 보관해 오던 총기는 수렵이 종료되는 날(2월 28일) 반드시 관할 경찰서(엽총) 또는 파출소(공기총)에 재보관 조치해야 한다.

(5) 수렵활동

① **수렵방법(환경부 고시)**

    ㉠ 일반적인 수렵 절차에 준하여 수렵하고, 수렵금지구역 및 수렵행위 제한지역에서 수렵 금지, 안전을 위해 2인 이상으로 조를 편성하여 수렵

    ㉡ 수렵장 출입시 총기는 1인 1정 사용이 원칙

    ㉢ 소지할 수 있는 1인 1정 총기 범위는 해당 경찰서와 협의하여 결정

    ㉣ 수렵견은 1인 2마리로 엄격히 제한하고, 수렵승인 신청시 수렵견 사용 수렵인의 성명, 연락처가 표시된 인식표를 부착하도록 의무 부여

ⓜ 수렵인은 민가지역 등을 통과하는 경우 엽견 끈을 잡고 이동하여 엽견의 일반인에게 접근 차단

② **멸종위기 야생생물의 포획·채취등 신고**(야생생물 보호 및 관리에 관한 법률 시행규칙 제17조) : 허가를 받아 멸종위기 야생생물의 포획·채취등을 한 자는 포획·채취 등을 한 후 5일 이내에 멸종위기 야생생물 포획·채취등 허가증에 포획한 개체수·장소·시간 및 포획방법 등을 적어 지방환경관서의 장에게 신고하여야 한다.

핵심유형 익히기

30 다음 중 수렵절차에 대한 설명으로 옳지 않은 것은?

① 과수원 내에서는 유해조수포획 허가가 없어도 야생동물 포획이 가능하다.
② 제2종 수렵면허 소지자는 그물에 의한 수렵동물 포획이 가능하다.
③ 포획승인증이 없으면 수렵총기를 경찰서에서 찾을 수 없다.
④ 수렵강습은 면허시험에 합격한 뒤에 받는다.   ■①

31 수렵용 총포의 소지허가를 받을 수 없는 경우에 해당하는 사람은?

① 탈세로 벌금 1억 원을 선고받고 항소 중에 있는 사람
② 도로교통법을 1회 위반하여 벌금 100만 원을 선고받은 사람
③ 엽총 1정을 소지하고 있는 사람
④ 20세 미만의 사람   ■④

32 다음 중 수렵동물 확인표지 및 포획량 제한에 대한 설명으로 틀린 것은?

① 포획선호동물은 확인표지를 부착하여 포획량을 관리한다.
② 수렵장설정자는 확인표지를 직접 구매·제작하여 보급하거나 위탁자에게 확인표지를 구매·제작·보급토록 조치한다.
③ 포획승인권별 확인표지 수량은 예상량 범위 내에서 수렵장 설정권자가 결정한다.
④ 수렵기간 종료 후 30일 이내에 포획동물의 정보를 포획승인증에 기재하여 남은 확인표지와 함께 신고한다.   ■④

33 수렵동물 포획승인서와 수렵동물 확인표지의 사용방법에 대한 설명으로 틀린 내용은?

① 수렵기간 종료 후 30일 이내에 포획승인서와 미사용 확인표지를 수렵장 설정자에게 반납할 것
② 포획승인서에 포획한 수렵동물의 종류, 수량 및 포획 장소 등을 적을 것

③ 승인받은 포획기간, 포획지역, 포획동물, 포획 예정량 등을 지킬 것
④ 수렵동물 포획 후 지체없이 포획한 동물에게 확인표지를 붙일 것　■①

34 수렵승인을 받기위한 서류에 포함되지 않는 것은?

① 주민등록초본　　　　　　　② 수렵보험 가입증명서
③ 수렵면허증 사본　　　　　　④ 수렵야생동물 포획승인신청서　■①

35 다음 중 수렵을 위하여 거주지 경찰서에서 가영치 총기를 인수하는 데 필요한 서류로 옳은 것은?

① 수렵동물 포획승인서　　　　② 수렵보험 가입증명서
③ 수렵강습이수증　　　　　　④ 운전면허증　　　　　　　　■①

36 다음 중 수렵장에서 수렵견의 사용에 대한 설명으로 틀린 것은?

① 등록된 수렵견은 1인 3마리까지 사용할 수 있다.
② 수렵견사용승인 대장을 기록·유지해야 한다.
③ 안전사고 예방을 위해 수렵견에 사용허가기관이 표기된 끈이나 링 등을 부착한다.
④ 수렵견은 수렵의 보조수단으로만 사용하도록 한다.　　　　　　　■①

03 보칙/벌칙/수렵제도

01 야생생물 보호원 *

(1) 야생생물 보호원(법 제59조)

① 환경부장관이나 지방자치단체의 장은 멸종위기 야생생물, 생태계교란 생물, 유해야생동물 등의 보호·관리 및 수렵에 관한 업무를 담당하는 공무원을 보조하는 야생생물 보호원을 둘 수 있다.

◉ 야생생물 보호원의 자격(시행규칙 제73조)

㉠ 전문대학 이상에서 야생생물 관련 학과를 졸업하거나 동등 학력이 있다고 인정되는 사람

㉡ 야생생물의 실태조사와 관련된 업무에 3년 이상 종사한 경력이 있는 사람

② 야생생물 보호원의 자격·임명 및 직무 범위에 관하여 필요한 사항은 환경부령으로 정한다.

◉ 직무 범위(시행규칙 제74조)

㉠ 멸종위기 야생생물의 보호 및 증식·복원에 관한 주민의 지도·계몽

㉡ 수렵인 지도 및 수렵장 관리의 보조

㉢ 특별보호구역 및 보호구역의 관리

㉣ 야생생물의 서식실태조사 및 서식환경 개선

㉤ 생태계교란 생물, 유해야생동물, 야생화된 동물 등의 관리

㉥ 야생동물의 불법 포획 및 불법 거래행위 감시업무의 보조

(2) 야생생물 보호원의 결격사유(법 제60조)

① 피성년후견인

② 파산선고를 받고 복권되지 아니한 사람

③ 금고 이상의 실형을 선고받고 3년이 지나지 아니한 사람

④ 이 법을 위반하여 금고 이상의 형의 집행유예를 선고받고 그 유예기간 중에 있는 사람

핵심유형 익히기

01 야생생물보호원에 관한 설명으로 옳지 않은 것은?

① 파산선고를 받은 자로서 복권되지 아니한 자는 자격이 없다.

② 야생생물의 보호·관리 및 수렵 등에 관한 업무를 담당하는 공무원을 보조한다.

③ 명예 야생생물보호원도 있다.

④ 야생생물 보호원의 자격·임명 및 직무범위 등 필요한 사항은 대통령령으로 정한다. ■④

02 다음 중 야생생물보호원으로서의 결격사유가 아닌 경우는?

① 금치산자 또는 한정치산자

② 야생생물 보호 및 관리에 관한 법률을 위반하여 금고 이상의 실형을 선고받고 집행이 종료된 날로부터 3년이 된 자

③ 야생생물 보호 및 관리에 관한 법률을 위반하여 금고 이상의 형의 집행유예를 선고받고 그 유예기간 중에 있는 자

④ 파산선고를 받은 자로서 복권되지 아니한 자 ■②

핵심유형 02 벌칙 ★★★★★

(1) 5년 이하의 징역 또는 500만원 이상 5천만원 이하의 벌금(법 제67조)

① 멸종위기 야생생물 Ⅰ급을 포획·채취·훼손하거나 죽인 자

② 상습적으로 멸종위기 야생생물 Ⅰ급을 포획·채취·훼손하거나 죽인 자는 7년 이하의 징역에 처한다. 이 경우 7천만원 이하의 벌금을 병과할 수 있다.

(2) 3년 이하의 징역 또는 300만원 이상 3천만원 이하의 벌금(법 제68조)

① 누구든지 정당한 사유 없이 야생동물을 죽음에 이르게 하는 학대행위를 한 자

② 멸종위기 야생생물 Ⅱ급을 포획·채취·훼손하거나 죽인 자

③ 멸종위기 야생생물 Ⅰ급을 가공·유통·보관·수출·수입·반출 또는 반입한 자

④ 멸종위기 야생생물의 포획·채취등을 위하여 폭발물, 덫, 창애, 올무, 함정, 전류 및 그물을 설치 또는 사용하거나 유독물, 농약 및 이와 유사한 물질을 살포 또는 주입한 자

⑤ 허가 없이 국제적 멸종위기종 및 그 가공품을 수출·수입·반출 또는 반입한 자

⑥ 특별보호구역에서 훼손행위를 한 자

⑦ 사육시설의 등록을 하지 아니하거나 거짓으로 등록을 한 자

◉ 상습적으로 ①, ②, ④항의 죄를 지은 사람은 5년 이하의 징역에 처한다. 이 경우 5천만원 이하의 벌금을 병과할 수 있다.

(3) 2년 이하의 징역 또는 2천만원 이하의 벌금(법 제69조) ★★★

① 야생동물에게 고통을 주거나 상해를 입히는 학대행위를 한 자

② 멸종위기 야생생물 Ⅱ급을 가공·유통·보관·수출·수입·반출 또는 반입한 자

③ 멸종위기 야생생물을 방사하거나 이식한 자

④ 국제적 멸종위기종 및 그 가공품을 수입 또는 반입 목적 외의 용도로 사용한 자

⑤ 국제적 멸종위기종 및 그 가공품을 포획·채취·구입하거나 양도·양수, 양도·양수의 알선·중개, 소유, 점유 또는 진열한 자

⑥ 야생생물을 포획·채취하거나 죽인 자

⑦ 야생생물을 포획·채취하거나 죽이기 위하여 폭발물, 덫, 창애, 올무, 함정, 전류 및 그물을 설치 또는 사용하거나 유독물, 농약 및 이와 유사한 물질을 살포하거나 주입한 자

⑧ 제한행위의 중지나 원상회복 명령을 위반한 자

⑨ 수렵장 외의 장소에서 수렵한 사람 2019년 출제

⑩ 수렵동물 외의 동물을 수렵하거나 수렵기간이 아닌 때에 수렵한 사람

⑪ 수렵면허를 받지 아니하고 수렵한 사람

⑫ 수렵장설정자로부터 수렵승인을 받지 아니하고 수렵한 사람

⑬ 사육시설의 변경등록을 하지 아니하거나 거짓으로 변경등록을 한 자

◉ 상습적으로 ①, ⑥, ⑦의 죄를 지은 사람은 3년 이하의 징역에 처한다. 이 경우 3천만원 이하의 벌금을 병과할 수 있다.

(4) 1년 이하의 징역 또는 1천만원 이하의 벌금(법 제70조)

① 포획·수입 또는 반입한 야생동물, 이를 사용하여 만든 음식물 또는 가공품을 그 사실을 알면서 취득(음식물 또는 추출가공식품을 먹는 행위를 포함)·양도·양수·운반·보관하거나 그러한 행위를 알선한 자

② 덫, 창애, 올무 또는 그 밖에 야생동물을 포획하는 도구를 제작·판매·소지 또는 보관한 자

③ 거짓이나 그 밖의 부정한 방법으로 포획·채취 등의 허가를 받은 자

④ 거짓이나 그 밖의 부정한 방법으로 수출·수입·반출 또는 반입 허가를 받은 자

⑤ 국제적 멸종위기종 인공증식 허가를 받지 아니한 자

⑥ 사육시설등록자 중 정기 또는 수시 검사를 받지 아니한 자

⑦ 사육시설 등의 개선명령을 이행하지 아니한 자

⑧ 멸종위기 야생생물 및 국제적 멸종위기종의 멸종 또는 감소를 촉진시키거나 학대를 유발할 수 있는 광고를 한 자

⑨ 거짓이나 그 밖의 부정한 방법으로 포획·채취 또는 죽이는 허가를 받은 자

⑩ 허가 없이 야생생물을 수출·수입·반출 또는 반입한 자

⑪ 부정한 방법으로 유해야생동물 포획허가를 받은 자

⑫ 예방접종·격리·이동제한·출입제한 또는 살처분 명령에 따르지 아니한 자

⑬ 살처분한 야생동물의 사체를 소각하거나 매몰하지 아니한 자

⑭ 등록을 하지 아니하고 야생동물의 박제품을 제조하거나 판매한 자

⑮ 수렵장에서 수렵을 제한하기 위하여 정하여 고시한 사항(수렵기간은 제외)을 위반한 사람

⑯ 거짓이나 그 밖의 부정한 방법으로 수렵면허를 받은 사람

⑰ 수렵면허증을 대여한 사람

⑱ 수렵 제한사항을 지키지 아니한 사람

⑲ 야생동물을 포획할 목적으로 총기와 실탄을 같이 지니고 돌아다니는 사람

핵심유형 익히기

03 다음 중 포획금지 야생동물의 불법포획으로 적발된 자에 대한 벌칙으로 옳은 것은?

① 2년 이하의 징역 또는 2천만원 이하의 벌금

② 2년 이하의 징역 또는 1천만원 이하의 벌금

③ 3년 이하의 징역 또는 2천만원 이하의 벌금

④ 3년 이하의 징역 또는 2천만원 이하의 벌금

■①

04 다음 중 수렵면허를 받지 아니하고 수렵한 사람에 대한 벌칙으로 옳은 것은?

① 4년 이하의 징역, 5천만원 이하의 벌금

② 4년 이하의 징역, 3천만원 이하의 벌금

③ 3년 이하의 징역, 4천만원 이하의 벌금

④ 2년 이하의 징역, 2천만원 이하의 벌금

■④

05 2년 이하의 징역 또는 2천만원 이하의 벌금에 해당하는 사례가 아닌 것은?

① 학술연구 목적으로 환경부장관의 허가를 받아 멸종위기 야생생물을 채취한 자

② 멸종위기 야생생물을 방사하거나 이식한자

③ 야생생물을 포획 또는 채취하거나 고사시킨 자

④ 국제적 멸종위기종 및 그 가공품을 수입하거나 반입목적 외의 용도로 사용한 자

■①

핵심유형
03 과태료/행정처분 **

(1) 1천만원 이하의 과태료(법 제73조)

① 야생생물의 보호를 위하여 필요한 시·도지사의 조치를 위반한 자

② 보호구역의 보전에 필요한 시·도지사 또는 시장·군수·구청장의 조치를 위반한 자

(2) 200만원 이하의 과태료(법 제73조)

① 멸종위기 야생생물의 포획·채취등의 결과를 신고하지 아니한 자

② 멸종위기 야생생물 보관 사실을 신고하지 아니한 자

③ 유해야생동물의 포획 결과를 신고하지 아니한 자

④ 출입 제한 또는 금지 규정을 위반한 자

⑤ 역학조사를 정당한 사유 없이 거부 또는 방해하거나 회피한 자

⑥ 주변 환경의 오염방지를 위하여 필요한 조치를 이행하지 아니한 자

⑦ 야생동물의 사체를 매몰한 토지를 3년 이내에 발굴한 자

⑧ 공무원의 출입·검사·질문을 거부·방해 또는 기피한 자

(3) 100만원 이하의 과태료(법 제73조)

① 서식지외보전기관의 지정취소시 지정서를 7일 이내에 반납하지 아니한 자

② 멸종위기 야생생물의 포획·채취등을 하려는 자가 허가증을 지니지 아니한 자

③ 멸종위기 야생생물의 포획·채취등의 허가가 취소된 자가 7일 이내에 허가증을 반납
하지 아니한 자

④ 수입하거나 반입한 국제적 멸종위기종의 양도·양수 또는 질병·폐사 등을 신고하지
아니한 자

⑤ 국제적 멸종위기종 인공증식증명서를 발급받지 아니한 자

⑥ 국제적 멸종위기종 및 그 가공품의 입수경위를 증명하는 서류를 보관하지 아니한 자

⑦ 사육시설의 변경신고를 하지 아니하거나 거짓으로 변경신고를 한 자

⑧ 사육시설의 폐쇄 또는 운영 중지 신고를 하지 아니한 자

⑨ 사육시설 권리 · 의무의 승계신고를 하지 아니한 자

⑩ 야생생물을 포획 · 채취하거나 죽인 결과를 신고하지 아니한 자

⑪ 야생생물의 포획 · 채취 허가 취소시 허가증을 반납하지 아니한 자

⑫ <u>유해야생동물의 포획허가에 따른 안전수칙을 지키지 아니한 자</u>

⑬ 유해야생동물의 포획허가 및 관리에 따른 유해야생동물 처리 방법을 지키지 아니한 자

⑭ 유해야생동물의 포획허가가 취소된 자가 7일 이내에 허가증을 반납하지 아니한 자

⑮ <u>특별보호구역에서 금지행위를 한 자</u>

⑯ 야생생물의 보호를 위한 행위제한을 위반한 자

⑰ 야생동물의 번식기에 신고하지 아니하고 보호구역에 들어간 자

⑱ 야생동물 치료기관의 지정취소시 지정서를 반납하지 아니한 자

⑲ 야생동물 질병이 확인된 사실을 알면서도 국립야생동물질병관리기관장과 관할 지방자치단체의 장에게 알리지 아니한 자

⑳ 생물자원 보전시설 등록취소시 등록증을 반납하지 아니한 자

㉑ 박제업자가 장부를 갖추어 두지 아니하거나 거짓으로 적은 경우

㉒ 박제품의 신고 등 필요한 시장 · 군수 · 구청장의 명령을 준수하지 아니한 자

㉓ 박제업자의 등록 취소시 등록증을 반납하지 아니한 자

㉔ 수렵강습기관의 지정취소시 지정서를 반납하지 아니한 자

㉕ <u>수렵면허의 취소 · 정지시 수렵면허증을 반납하지 아니한 사람</u>

㉖ <u>수렵동물임을 확인할 수 있는 표지를 부착하지 아니한 사람</u>

㉗ <u>수렵면허증을 지니지 아니하고 수렵한 사람</u> 2019년 출제

㉘ 수렵장의 관리 · 운영을 위탁받은 자가 수렵장 운영실적을 보고하지 아니한 경우

㉙ 환경부장관 및 시 · 도지사가 요구하는 보고 또는 자료 제출을 하지 아니하거나 거짓으로 한 자

(4) 행정처분의 기준(제78조 관련 시행규칙 [별표 12])

위반사항	근거 법령	행정처분 기준			
		1차 위반	2차 위반	3차 위반	4차 이상 위반
1) 거짓이나 그 밖의 부정한 방법으로 수렵면허를 받은 경우	법 제49조 제1항제1호	면허취소			
2) 수렵면허를 받은 사람이 법 제46조제1호부터 제6호까지의 어느 하나에 해당하는 경우	법 제49조 제1항제2호	면허취소			
3) 수렵 중 고의 또는 과실로 다른 사람의 생명·신체 또는 재산에 피해를 준 경우	법 제49조 제1항제3호				
가) 생명·신체에 피해를 준 경우		면허취소			
나) 재산에 피해를 준 경우		면허정지 3개월	면허정지 6개월	면허취소	
4) 수렵도구를 이용하여 범죄행위를 한 경우	법 제49조 제1항제4호	면허정지 6개월	면허취소		
5) 법 제14조제1항 또는 제2항을 위반하여 멸종위기야생동물을 포획한 경우	법 제49조 제1항제5호	경고	면허정지 6개월	면허취소	
6) 법 제19조제1항 또는 제2항을 위반하여 야생동물을 포획한 경우	법 제49조 제1항제6호	경고	면허정지 3개월	면허정지 6개월	면허취소
7) 법 제23조제1항을 위반하여 유해야생동물을 포획한 경우	법 제49조 제1항제7호	경고	면허정지 1개월	면허정지 3개월	면허정지 6개월
8) 법 제44조제3항을 위반하여 수렵면허를 갱신하지 않은 경우	법 제49조 제1항제8호				
가) 1년을 초과하지 않은 경우		면허정지 3개월			
나) 1년을 초과한 경우		면허취소			
9) 법 제50조제1항을 위반하여 수렵을 한 경우	법 제49조 제1항제9호				
가) 수렵승인을 받지 않은 경우		경고	면허정지 3개월	면허정지 6개월	면허취소
나) 수렵장 사용료를 납부하지 않은 경우		경고	면허정지 1개월	면허정지 3개월	면허정지 6개월
10) 법 제55조 각 호의 어느 하나에 해당하는 장소 또는 시간에 수렵을 한 경우	법 제49조 제1항제10호	경고	면허정지 3개월	면허정지 6개월	면허취소

핵심유형 익히기

06 다음 중 포획한 수렵동물에 확인표지를 부착하지 않았을 경우의 처벌 사항은?

① 100만원 이하의 과태료
② 500만원 이하의 과태료
③ 2년 이하의 징역 또는 2,000만원 이하의 벌금
④ 1년 이하의 징역 또는 1,000만원 이하의 벌금

■①

07 다음 중 100만원 이하의 과태료 처분에 해당되는 위반행위를 고르면?

① 불법 수렵도구의 제작 및 판매행위
② 포획승인서를 받지 아니한 수렵행위
③ 일출 전 및 일몰 후 수렵 행위
④ 수렵면허증을 지니지 않고 수렵을 하였을 때

■④

08 다음 중 수렵면허의 취소·정지 등 행정처분의 권한이 있는 사람은?

① 시·도지사
② 시장·군수·구청장
③ 환경부장관
④ 산림청장

■②

09 다음 중 「야생생물 보호 및 관리에 관한 법률」상 행정처분의 종류가 아닌 것은?

① 면허취소
② 손해배상
③ 허가취소
④ 등록취소

■②

핵심유형
04 수렵제도 및 법규/자연환경보전법/생물다양성 보전 및 이용에 관한 법률

(1) 우리나라의 수렵제도 및 수렵 법규

① 면허(免許) 제도
　㉠ 국가로부터 수렵면허를 받은 자가 수렵법이 허용하는 범위 내에서 수렵하는 제도
　㉡ 야생동물에 관한 모든 소유권은 국가에 귀속된다.
　㉢ 면허제도의 장점
　　ⓐ 수렵면허 발급이 간단하고 비용이 저렴하다.
　　ⓑ 모든 국민에게 공평한 수렵기회를 줄 수 있다.
　　ⓒ 엽구제도에 비해 생물종 다양성을 유지하는데 유리하다.

② 면허제도의 단점 : 국가의 강력한 감시체계 및 건전한 국민의식 수준이 형성되지 않으면 남획이 발생하고 밀렵 방지가 어렵다.

② 엽구(獵區) 제도

㉠ 일정크기 이상의 토지를 소유한 자가 자신의 토지 내에서 수렵권한 및 관리의무를 갖는 제도

㉡ 자가토지 내 야생동물의 소유권은 토지소유주에게 있다.

㉢ 엽구제도의 장점

ⓐ 사적 소유의 개념으로 토지소유주에게 경제적 동기를 부여한다.

ⓑ 국가의 야생동물 보호나 관리, 피해보상 등을 위한 재정지출이 적다.

ⓒ 매우 높은 관리 효율성을 나타내며 밀렵발생 소지가 적다.

㉣ 엽구제도의 단점 : 수렵종 및 개체수와 토지소유자의 경제적 이익이 직결되어 특정 선호종의 과다증식이 우려된다.

③ **수렵제도의 필연성** : 포식자가 도태되면 먹이동물로 제공되던 피식자가 급증하게 되어 이에 대한 적정 개체수의 유지를 위한 조절기능으로 수렵이 필요하다(자연생태계의 균형 유지). ²⁰¹⁹년출제

④ 수렵과 관련된 우리나라 최초의 법령 : 1911년의 수렵규칙

(2) **자연환경보전법**

① **용어의 정의**(자연환경보전법 제2조)

㉠ "자연환경"이라 함은 지하·지표(해양을 제외) 및 지상의 모든 생물과 이들을 둘러싸고 있는 비생물적인 것을 포함한 자연의 상태(생태계 및 자연경관을 포함)를 말한다.

㉡ "자연환경보전"이라 함은 자연환경을 체계적으로 보존·보호 또는 복원하고 생물다양성을 높이기 위하여 자연을 조성하고 관리하는 것을 말한다.

㉢ "자연환경의 지속가능한 이용"이라 함은 현재와 장래의 세대가 동등한 기회를 가지고 자연환경을 이용하거나 혜택을 누릴 수 있도록 하는 것을 말한다.

㉣ "자연생태"라 함은 자연의 상태에서 이루어진 지리적 또는 지질적 환경과 그 조건 아래에서 생물이 생활하고 있는 일체의 현상을 말한다.

㉤ "생태계"란 식물·동물 및 미생물 군집들과 무생물 환경이 기능적인 단위로 상호작용하는 역동적인 복합체를 말한다.

㉥ "소생태계"라 함은 생물다양성을 높이고 야생동·식물의 서식지간의 이동가능성 등 생태계의 연속성을 높이거나 특정한 생물종의 서식조건을 개선하기 위하여 조성하는 생물서식공간을 말한다.

ⓢ "생물다양성"이라 함은 육상생태계 및 수생생태계(해양생태계를 제외)와 이들의 복합생태계를 포함하는 모든 원천에서 발생한 생물체의 다양성을 말하며, 종내·종간 및 생태계의 다양성을 포함한다.

ⓞ "생태축"이라 함은 생물다양성을 증진시키고 생태계 기능의 연속성을 위하여 생태적으로 중요한 지역 또는 생태적 기능의 유지가 필요한 지역을 연결하는 생태적 서식공간을 말한다.

ⓩ "생태통로"란 도로·댐·수중보·하굿둑 등으로 인하여 야생동·식물의 서식지가 단절되거나 훼손 또는 파괴되는 것을 방지하고 야생동·식물의 이동 등 생태계의 연속성 유지를 위하여 설치하는 인공 구조물·식생 등의 생태적 공간을 말한다.

ⓒ "자연경관"이라 함은 자연환경적 측면에서 시각적·심미적인 가치를 가지는 지역·지형 및 이에 부속된 자연요소 또는 사물이 복합적으로 어우러진 자연의 경치를 말한다.

ⓚ "대체자연"이라 함은 기존의 자연환경과 유사한 기능을 수행하거나 보완적 기능을 수행하도록 하기 위하여 조성하는 것을 말한다.

ⓣ "생태·경관보전지역"이라 함은 생물다양성이 풍부하여 생태적으로 중요하거나 자연경관이 수려하여 특별히 보전할 가치가 큰 지역으로서 제12조 및 제13조제3항의 규정에 의하여 환경부장관이 지정·고시하는 지역을 말한다.

ⓟ "자연유보지역"이라 함은 사람의 접근이 사실상 불가능하여 생태계의 훼손이 방지되고 있는 지역중 군사상의 목적으로 이용되는 외에는 특별한 용도로 사용되지 아니하는 무인도로서 대통령령이 정하는 지역과 관할권이 대한민국에 속하는 날부터 2년간의 비무장지대를 말한다.

ⓗ "생태·자연도"라 함은 산·하천·내륙습지·호소(호소)·농지·도시 등에 대하여 자연환경을 생태적 가치, 자연성, 경관적 가치 등에 따라 등급화하여 제34조의 규정에 의하여 작성된 지도를 말한다.

② **용어의 정의 2(자연환경보전법 제2조)**

㉠ "자연자산"이라 함은 인간의 생활이나 경제활동에 이용될 수 있는 유형·무형의 가치를 가진 자연상태의 생물과 비생물적인 것의 총체를 말한다.

㉡ "생물자원"이란 사람을 위하여 가치가 있거나 실제적 또는 잠재적 용도가 있는 유전자원, 생물체, 생물체의 부분, 개체군 또는 생물의 구성요소를 말한다.

㉢ "생태마을"이라 함은 생태적 기능과 수려한 자연경관을 보유하고 이를 지속가능하게 보전·이용할 수 있는 역량을 가진 마을로서 환경부장관 또는 지방자치단체의 장이 지정한 마을을 말한다.

      ⓔ "생태관광"이란 생태계가 특히 우수하거나 자연경관이 수려한 지역에서 자연자산의 보전 및 현명한 이용을 통하여 환경의 중요성을 체험할 수 있는 자연친화적인 관광을 말한다.

③ **자연환경보전의 기본원칙**(자연환경보전법 제3조)

      ㉠ 자연환경은 모든 국민의 자산으로서 공익에 적합하게 보전되고 현재와 장래의 세대를 위하여 지속가능하게 이용되어야 한다.

      ㉡ 자연환경보전은 국토의 이용과 조화·균형을 이루어야 한다.

      ㉢ 자연생태와 자연경관은 인간활동과 자연의 기능 및 생태적 순환이 촉진되도록 보전·관리되어야 한다.

      ㉣ 모든 국민이 자연환경보전에 참여하고 자연환경을 건전하게 이용할 수 있는 기회가 증진되어야 한다.

      ㉤ 자연환경을 이용하거나 개발하는 때에는 생태적 균형이 파괴되거나 그 가치가 저하되지 아니하도록 하여야 한다. 다만, 자연생태와 자연경관이 파괴·훼손되거나 침해되는 때에는 최대한 복원·복구되도록 노력하여야 한다.

      ㉥ 자연환경보전에 따르는 부담은 공평하게 분담되어야 하며, 자연환경으로부터 얻어지는 혜택은 지역주민과 이해관계인이 우선하여 누릴 수 있도록 하여야 한다.

      ㉦ 자연환경보전과 자연환경의 지속가능한 이용을 위한 국제협력은 증진되어야 한다.

④ **생태·경관보전지역의 구분**(자연환경보전법 제12조 제2항)

      ㉠ 생태·경관핵심보전구역 : 생태계의 구조와 기능의 훼손방지를 위하여 특별한 보호가 필요하거나 자연경관이 수려하여 특별히 보호하고자 하는 지역

      ㉡ 생태·경관완충보전구역 : 핵심구역의 연접지역으로서 핵심구역의 보호를 위하여 필요한 지역

      ㉢ 생태·경관전이보전구역 : 핵심구역 또는 완충구역에 둘러싸인 취락지역으로서 지속가능한 보전과 이용을 위하여 필요한 지역

(3) 생물다양성 보전 및 이용에 관한 법률

① <u>용어의 정의</u>(생물다양성 보전 및 이용에 관한 법률 제2조)

      ㉠ "생물자원"이란 사람을 위하여 가치가 있거나 실제적 또는 잠재적 용도가 있는 유전자원, 생물체, 생물체의 부분, 개체군 또는 생물의 구성요소를 말한다.

      ㉡ "유전자원"이란 유전의 기능적 단위를 포함하는 식물·동물·미생물 또는 그 밖에 유전적 기원이 되는 유전물질 중 실질적 또는 잠재적 가치를 지닌 물질을 말한다.

      ㉢ "지속가능한 이용"이란 현재 세대와 미래 세대가 동등한 기회를 가지고 생물자원을 이용하여 그 혜택을 누릴 수 있도록 생물다양성의 감소를 유발하지 아니하는 방식

과 속도로 생물다양성의 구성요소를 이용하는 것을 말한다.

ⓔ "전통지식"이란 생물다양성의 보전 및 생물자원의 지속가능한 이용에 적합한 전통적 생활양식을 유지하여 온 개인 또는 지역사회의 지식, 기술 및 관행(관행) 등을 말한다.

ⓜ "외래생물"이란 외국으로부터 인위적 또는 자연적으로 유입되어 그 본래의 원산지 또는 서식지를 벗어나 존재하게 된 생물을 말한다.

ⓗ "생태계교란 생물"이란 다음 각 목의 어느 하나에 해당하는 생물로서 위해성평가 결과 생태계 등에 미치는 위해가 큰 것으로 판단되어 환경부장관이 지정·고시하는 것을 말한다.

ⓐ 유입주의 생물 및 외래생물 중 생태계의 균형을 교란하거나 교란할 우려가 있는 생물

ⓑ 유입주의 생물이나 외래생물에 해당하지 아니하는 생물 중 특정 지역에서 생태계의 균형을 교란하거나 교란할 우려가 있는 생물

ⓢ "생태계위해우려 생물"이란 다음 각 목의 어느 하나에 해당하는 생물로서 위해성평가 결과 생태계 등에 유출될 경우 위해를 미칠 우려가 있어 관리가 필요하다고 판단되어 환경부장관이 지정·고시하는 것을 말한다.

② **외래생물 등의 생태계위해성 등급**(국립생태원 외래생물 등의 생태계위해성평가 및 위해우려종의 생태계위해성심사에 관한 규정 제7조)

㉠ 위해성 등급 1급 : 생태계 위해성이 매우 높고 향후 생태계 위해성이 매우 높아질 가능성이 우려되어 관리대책을 수립하여 퇴치 등의 관리가 필요한 종

㉡ 위해성 등급 2급 : 생태계 위해성은 보통이나 향후 생태계 위해성이 높아질 가능성이 있어 확산 정도와 생태계 등에 미치는 영향을 지속적으로 관찰할 필요가 있는 종

㉢ 위해성 등급 3급 : 생태계 위해성이 낮아서 별도의 관리가 요구되지 않는 종으로서 향후 생태계 위해성이 문제되지 않을 것으로 판단되는 종

③ **생태계교란 생물**(환경부 고시) 2019년 출제

구분	종명
포유류	뉴트리아
양서류·파충류	황소개구리, 붉은귀거북속 전종
어류	파랑볼우럭(블루길), 큰입배스
갑각류	미국가재
곤충류	꽃매미, 붉은불개미, 등검은말벌
식물	돼지풀, 단풍잎돼지풀, 서양등골나물, 털물참새피, 물참새피, 도깨비가지, 애기수영, 가시박, 서양금혼초, 미국쑥부쟁이, 양미역취, 가시상추, 갯줄풀, 영국갯끈풀, 환삼덩굴

(4) 기타 각종 국제협약/자연환경 관련 제도

① **자연환경보전명예지도원** : 자연환경보전을 위한 지도 · 계몽 등을 위하여 민간자연환경보전단체의 회원, 자연환경을 위한 활동을 성실하게 수행하고 있는 사람 또는 협회에서 추천하는 사람으로 환경부장관 또는 지방자치단체가 위촉한 사람

② **자연환경해설사** : 생태 · 경관보전지역, 습지보호지역, 자연공원 등을 이용하는 사람에게 자연환경보전의 인식증진 등을 위하여 자연환경해설 · 홍보 · 교육 · 생태탐방안내 등을 전문적으로 수행하는 사람

③ **생물다양성협약**(CBD) : 1992년 리우에서 개최된 유엔환경개발정상회의에서 생물종 감소의 가속화로 종 다양성에 대한 국제적 공감대가 형성되어 채택된 국제협약

④ **나고야의정서**(Nagoya Protocol) : 유전자원의 이용으로부터 발생되는 이익의 공평한 공유를 위한 국제규범의 필요성이 제기됨에 따라 2010년 채택된 협약

⑤ **람사르협약**(Ramsar Convention on Wetland) : 물새의 서식지로서 특히 국제적으로 중요한 습지에 관한 협약

⑥ **이동성 야생동물종의 보전에 관한 협약** : 국가 간의 경계를 주기적으로 이동하는 이동성동물자원의 멸종을 막고 보호 · 관리를 강화하기 위해 1979년 독일 본(Bonn)에서 채택한 국제협약

⑦ **멸종위기에 처한 야생동식물의 국제거래에 관한 협약** : 야생동식물종의 국제적인 거래가 동식물의 생존을 위협하지 않게끔 하고 여러 보호단계를 적용하여 협약 대상 생물종의 보호를 보장하는 것을 목적으로 하는 국제협약

⑧ **외래생물 관리를 위한 기본계획 수립 주기** : 5년

(5) 전염성 질병

① **구제역**(foot and mouth disease) : 소, 돼지, 양, 염소, 사슴 등 우제류(偶蹄類)에서 발병하며 격한 체온상승과 입, 혀, 유두 및 지간부와 제간부의 수포형성이 특징으로 식욕이 저하되어 심하게 앓거나 폐사되는 급성 바이러스 전염병

② **돼지열병**(classical swine fever) : 돼지에 감염되는 바이러스성 전염병으로 일반적으로 고열, 피부 발적, 식용 결핍, 변비, 설사, 백혈구 감소, 후구마비, 유사산 등 번식장애 등을 수반하며 치사율이 매우 높음 2019년 출제

③ **조류인플루엔자**(avian influenza) : 거의 모든 조류에서 발병하며 무증상부터 높은 폐사율까지 다양하게 초래하며 소화기, 호흡기 및 신경계에 걸쳐 증상이 나타나는 급성 전염병

10 다음 중 수렵제도에서 면허제도의 장점으로 볼 수 없는 것은?

① 사적 소유의 개념으로 토지소유주에게 경제적 동기를 부여한다.

② 수렵면허 발급이 간단하고 비용이 저렴하다.

③ 엽구제도에 비해 생물종 다양성을 유지하는데 유리하다.

④ 모든 국민에게 공평한 수렵기회를 줄 수 있다.

■①

11 다음 중 수렵제도에서 엽구제도에 대한 설명으로 옳은 것은?

① 수렵면허 발급이 간단하고 비용이 저렴한 제도

② 일정크기 이상의 토지를 소유한 자가 자신의 토지 내에서 수렵권한 및 관리의무를 갖는 제도

③ 야생동물에 대한 모든 권한이 국가에 귀속되며 보호와 관리의무도 국가에게 있는 제도

④ 국가로부터 수렵면허를 받은 자가 수렵법이 허용하는 범위 내에서 수렵하는 제도

■②

12 다음 중 수렵과 관련된 우리나라 최초의 법령은?

① 1911년의 수렵규칙

② 2011년의 야생생물 보호 및 관리에 관한 법률

③ 1967년의 조수보호 및 수렵에 관한 법률

④ 1961년의 수렵법

■①

13 「자연환경보전법」에서의 '자연환경보전'의 정의로 옳은 것은?

① 기존의 자연환경과 유사한 기능을 수행하거나 보완적 기능을 수행하도록 하기 위하여 환경을 조성하는 것을 말한다.

② 지하·지표(해양 제외) 및 지상의 모든 생물과 이들을 둘러싸고 있는 비생물적인 것을 포함한 자연의 상태(생태계와 자연경관 포함)를 말한다.

③ 현재와 장래의 세대가 동등한 기회를 가지고 자연환경을 이용하거나 혜택을 누릴 수 있도록 하는 것을 말한다.

④ 자연환경을 체계적으로 보존·보호 또는 복원하고 생물다양성을 높이기 위하여 자연을 조성하고 관리하는 것을 말한다.

■④

14 「자연환경보전법」에서의 '생태·경관보전지역'의 정의로 옳은 것은?

① 생물다양성이 풍부하고 생태적으로 중요하거나 자연경관이 수려하여 특별히 보전할 가치가 큰 지역으로서 법에 명시된 규정에 의하여 환경부 장관이 지정·고시하는 지역을 말한다.

② 야생동·식물의 서식지가 단절되거나 훼손 또는 파괴되는 것을 방지하고 생태계의 연속성 유지를 위하여 설치하는 생태적 공간을 말한다.

③ 생물다양성을 높이고 생태계의 연속성을 높이거나 특정한 생물종의 서식조건을 개선하기 위하여 조성하는 생물서식공간을 말한다.

④ 생물다양성을 증진시키고 생태계 기능의 연속성을 위하여 생태적으로 중요한 지역을 연결하는 생태적서식공간을 말한다.　　　■①

15 다음 중 자연환경보전의 기본원칙이 아닌 내용은?

① 자연환경은 모든 국민의 자산으로서 공익에 적합하게 보전되고 현재와 장래의 세대를 위하여 지속가능하게 이용되어야 한다.

② 자연생태와 자연경관이 파괴·훼손되거나 침해되는 때에는 최대한 복원·복구되도록 노력하여야 한다.

③ 자연환경보전과 자연환경의 지속가능한 이용을 위한 국제협력은 증진되어야 한다.

④ 개인이 소유한 자연상태와 자연경관이라 하더라도 공공이용을 우선시하여 사용되어야 한다.　　　■④

16 「생물다양성 보전 및 이용에 관한 법률」에서 사용하는 '외래생물'이란 용어의 정의로 옳은 것은?

① 외국으로부터 인위적 또는 자연적으로 유입되어 그 본래의 원산지 또는 서식지를 벗어나 존재하게 된 생물을 말한다.

② 사람을 위하여 가치가 있거나 실제적 또는 잠재적 용도가 있는 유전자원, 생물체, 생물체의 부분, 개체군 또는 생물의 구성요소를 말한다.

③ 인간의 생활이나 경제활동에 이용될 수 있는 유형·무형의 가치를 가진 자연상태의 생물과 비생물적인 것의 총체를 말한다.

④ 유전의 기능적 단위를 포함하는 식물·동물·미생물 또는 그밖에 유전적 기원이 되는 유전물질 중 실질적 또는 잠재적 가치를 지닌 물질을 말한다.　　　■①

17 다음 중 곤충류에서 '생태계교란 생물'로 지정고시된 생물로 옳은 것은?

① 꽃매미(Lycorma delicatula)
② 파랑볼우럭(블루길, Lepomis macrochirus)
③ 황소개구리(Rana catesbeiana), 붉은귀거북속 전종(Trachemys spp)
④ 배추흰나비, 호랑나비   ■①

18 다음 중 '람사르협약(Ramsar Convention on Wetland)'에 대한 설명으로 옳은 것은?

① 1992년 리우 유엔환경개발정상회의에서 급격히 취약해지고 있는 생물종 다양성에 대한 국제적 공감대를 바탕으로 채택된 국제협약
② 국가 간의 경계를 주기적으로 이동하는 이동성동물자원의 멸종을 막고 보호·관리를 강화하기 위해 1979년 독일 본(Bonn)에서 채택한 국제협약
③ 물새의 서식지로서 특히 국제적으로 중요한 습지에 관한 협약
④ 유전자원의 이용으로부터 발생되는 이익의 공평한 공유를 위한 국제규범의 필요성이 제기됨에 따라 2010년 채택된 협약   ■③

19 다음 중 '구제역(foot and mouth disease)'에 대한 설명으로 옳은 것은?

① 소, 돼지, 양, 염소, 사슴 등 우제류(偶蹄類)에서 발병하며 격한 체온상승과 입, 혀, 유두 및 지간부와 제간부의 수포형성이 특징으로 식욕이 저하되어 심하게 앓거나 폐사되는 급성 바이러스 전염병
② 돼지에 감염되는 바이러스성 전염병으로 일반적으로 고열, 피부 발적, 식용 결핍, 변비, 설사, 백혈구 감소, 후구마비, 유사산 등 번식장애 등을 수반하며 치사율이 매우 높음
③ 광견병 바이러스가 매개하는 감염증
④ 거의 모든 조류에서 발병하며 무증상부터 높은 폐사율까지 다양하게 초래하며 소화기, 호흡기 및 신경계에 걸쳐 증상이 나타나는 급성 전염병   ■①

20 다음 중 양서류·파충류에서 '생태계교란 생물'로 지정고시된 생물을 고르면?

① 파랑볼우럭(블루길, Lepomis macrochirus)
② 꽃매미(Lycorma delicatula)
③ 뉴트리아(Myocastor coypus)
④ 황소개구리(Rana catesbeiana), 붉은귀거북속 전종(Trachemys spp)   ■④

02

야생동물의 보호 · 관리

01 야생생물의 특성

핵심유형
01 야생동물의 가치와 보호 ****

(1) 야생동물의 긍정적 가치

① **미적 가치** : 동물들은 아름다움의 대상으로 사람들이 만들어 놓은 미술, 음악, 문학, 건축물 등에 아름다운 모습으로 많이 등장하고 있다.

② **휴양적 가치** : 야생동물들은 사냥, 낚시, 생태관광 등의 주요 대상이 된다.

③ **생태적 가치** : 야생동물은 생태계의 안정성과 건전한 기능을 유지하는 역할을 한다.

④ **교육 · 과학적 가치** : 동물의 행동이나 생태는 교육이나 과학의 대상이 될 수 있고, 그것의 연구결과는 사람들에게 영향을 줄 수 있다.

⑤ **경제(상업)적 가치** : 과거로부터 많은 야생동물들을 가축화해서 중요한 단백질 자원으로 이용하고 있다. 또한 의료 및 실험동물용으로 많은 동물들을 이용하고 있다.

(2) 야생동물의 부정적 가치 : 유해야생동물

① 유해야생동물의 종류

  ㉠ 장기간에 걸쳐 무리를 지어 농작물에 피해를 주는 참새, 까치 등

  ㉡ 국부적으로 서식밀도가 과밀하여 농 · 림 · 수산업에 피해를 주는 꿩, 멧비둘기, 고라니, 멧돼지 등

  ㉢ 비행장 주변에 출현하여 항공기 또는 특수건조물에 피해를 주는 조수류

  ㉣ 농작물에 피해를 주는 흰뺨검둥오리나 직박구리

  ㉤ 주요 외래 유입종 : 붉은귀거북, 뉴트리아, 황소개구리, 블루길 등

② 유해야생동물의 포획허가 및 관리(법 제23조)

  ㉠ 유해야생동물을 포획하려는 자는 환경부령으로 정하는 바에 따라 시장 · 군수 · 구청장의 허가를 받아야 한다. 2019년출제

  ㉡ 시장 · 군수 · 구청장은 유해야생동물로 인한 농작물 등의 피해 상황, 유해야생동물의 종류 및 수 등을 조사하여 과도한 포획으로 인하여 생태계가 교란되지 아니하도록 하여야 한다. 2019년출제

ⓒ 시장·군수·구청장은 허가를 신청한 자의 요청이 있으면 수렵면허를 받고 수렵보험에 가입한 사람에게 포획을 대행하게 할 수 있다. 이 경우 포획을 대행하는 사람은 허가를 받은 것으로 본다.

ⓓ 시장·군수·구청장은 허가를 하였을 때에는 지체 없이 산림청장 또는 그 밖의 관계 행정기관의 장에게 그 사실을 통보하여야 한다.

ⓔ 환경부장관은 유해야생동물의 관리를 위하여 필요하면 관계 중앙행정기관의 장 또는 지방자치단체의 장에게 피해예방활동이나 질병예방활동, 수확기 피해방지단 또는 인접 시·군·구 공동 수확기 피해방지단 구성·운영 등 적절한 조치를 하도록 요청할 수 있다.

ⓕ 유해야생동물을 포획한 자는 환경부령으로 정하는 바에 따라 유해야생동물의 포획결과를 시장·군수·구청장에게 신고하여야 한다.

ⓖ 허가의 기준, 안전수칙, 포획 방법 및 허가증의 발급 등에 필요한 사항은 환경부령으로 정한다.

ⓗ 포획한 유해야생동물의 처리 방법은 환경부령으로 정한다.

ⓘ 수확기 피해방지단의 구성방법, 운영시기, 대상동물 등에 필요한 사항은 환경부령으로 정한다.

(4) 야생동물의 위기

① **밀렵의 발생 요인** 2019년 출제
  ㉠ 잘못된 보신주의로 인한 야생동물 효과에 대한 맹신
  ㉡ 밀렵에 대한 적발 및 처벌 미비
  ㉢ 야생동물에 대한 주인의식의 결여

② **산불재해** 2019년 출제
  ㉠ 대기온도가 63℃ 이상일 경우 사망한다.
  ㉡ 이동성이 느린 동물들은 대피하기 전에 질식 사망한다.
  ㉢ 갑작스런 환경변화로 인한 적응률 감소로 사망률이 증가할 수 있다.

③ **농약 살포** : 농약을 먹고 폐사한 야생동물을 잡아먹은 야생동물도 이차적으로 중독될 수 있다.

④ **도로 증가로 인한 야생동물의 고립** 2019년 출제
  ㉠ 야생동물의 통행을 방해하여 서식지 단절, 개체군 고립화를 발생시킨다.
  ㉡ 로드킬(Road Kill) : 야생동물이 먹이를 구하거나 이동을 위해 도로에 갑자기 뛰어들어 횡단하다 차에 치여 폐사하는 야생동물이 많아진다. 2019년 출제
  ㉢ 차량 통행의 소음과 인기척으로 인해 야생동물이 스트레스를 받게 된다.

(4) 야생동물의 보호

① 합리적인 야생동물 보호를 위한 행동 2019년 출제
  ㉠ 야생조류의 번식 및 은신처가 되는 인공새집을 설치해 준다.
  ㉡ 불법 포획한 야생동물을 거래하지 않는다.
  ㉢ 야생동물의 먹이가 되는 도토리, 산딸기 등의 종자를 채집하지 않는다.
  ㉣ 야생동물의 새끼들을 발견했을 경우 근처에 어미가 있을 확률이 높으므로 멀리서 어미가 오는지 지켜본다.

② 야생동물의 보호 국제협력 기구 : 국제자연보호연맹, 세계야생생물기금, 국제조류보호 회의

핵심유형 익히기

01 다음 중 밀렵의 발생 요인으로 볼 수 없는 것은?

① 밀렵에 대한 적발 및 처벌 미비
② 야생동물에 대한 주인의식의 결여
③ 잘못된 보신주의로 인한 야생동물 효과에 대한 맹신
④ 과잉 번식한 야생동물 개체 수의 조절 필요성

■④

02 산불재해가 야생동물에게 미치는 영향으로 볼 수 없는 것은?

① 화재발생 2년 후에는 대지가 피복되므로 생태계가 회복된다.
② 갑작스런 환경변화로 인한 적응률 감소로 사망률이 증가할 수 있다.
③ 대기온도가 63℃ 이상일 경우 사망한다.
④ 이동성이 느린 동물들은 대피하기 전에 질식 사망한다.

■①

03 야생동물의 가치에 속하는 것이 아닌 것은?

① 교육·과학적 가치   ② 생산적 가치
③ 생태적 가치   ④ 경제적 가치

■②

04 야생동물을 잡기 위해 볍씨 등에 농약을 뿌려 살포한 경우 생길 수 있는 문제점으로 옳은 것은?

① 농약을 뿌린 볍씨는 일차적으로 참매나 말똥가리 등의 맹금류가 섭취한다.
② 농약을 먹은 야생동물은 눈, 코, 입 등에 피를 흘리며 폐사하게 된다.
③ 농약을 먹은 야생동물은 5분 이내에 고통 없이 일순간에 폐사한다.
④ 농약을 먹고 폐사한 야생동물을 잡아먹은 야생동물도 이차적으로 중독될 수 있다.

■④

5 도로 증가에 따른 서식환경의 변화가 야생동물에 미치는 영향이 아닌 것은?

① 통행하는 차량에 의한 소음, 진동, 빛 등의 자극에 의한 번식률 증가

② 생물다양성 감소 및 유전형질의 단순화

③ 서식지 단절에 따른 개체군 고립화의 가속

④ 차량 충돌에 의한 폐사율이 증가 　　　　　　　　　　　　　■①

6 유해야생동물에 속하지 않는 경우는?

① 국부적으로 서식밀도가 과밀하여 농·림·수산업에 피해는 주는 원앙

② 전주에 둥지를 튼 까치

③ 건물 부식 등 재산 및 생활에 피해를 주는 집비둘기

④ 장기간 무리를 지어 농작물 또는 과수에 피해를 주는 참새와 까치 　■①

7 다음 중 야생동물의 보호를 위한 행동이 아닌 경우는?

① 야생조류의 알을 가져와 부화시킨 후 놓아준다.

② 야생동물의 먹이가 되는 도토리 등 종자를 채집하지 않는다.

③ 불법 포획한 야생동물을 거래하지 않는다.

④ 야생조류의 번식을 위해 인공새집을 설치한다. 　　　　　　　　■①

핵심유형
02 야생동물 서식지의 기본적인 구성요소 ★★★

(1) 야생동물의 서식을 제한하는 요인

① 직접요인 : 포식자(천적), 질병, 가뭄, 사고 등

② 간접요인 : 먹이, 은신처, 물 등

(2) 야생동물 서식지의 기본 요소 : 먹이, 은신처, 물, 먹이, 재해, 질병 등 2019년 출제

① 먹이

　㉠ 모든 동물에게 가장 중요한 서식지의 기본 요소는 먹이이다.

　㉡ 피식종이란 다른 동물에게 잡아먹히는 동물로 포식종의 밀도는 피식종의 밀도보다 낮다.

　㉢ 대체로 포식종은 다양한 종을 포식하며, 피식종의 증식률은 포식종보다 높다.

② **은신처** 2019년 출제

　㉠ 날씨 또는 포식자와 같은 위협요인으로부터 야생동물을 지켜준다.

　㉡ 둥지와 휴식장소는 <u>야생동물이 활동에 적당하지 않은 환경 조건을 피하여 휴면이</u>
　　<u>나 피난을 하는 장소</u>로 직사광선으로부터 그늘을 만들어 주며 악천후나 바람과 비
　　를 막아주고 야간에 추위로 인한 열손실을 감소시켜 준다.

　㉢ 은신처는 야생동물의 서식밀도를 좌우하는 데 매우 중요한 요소이다.

③ **물** : 물은 서식지 환경을 변화시켜 야생동물에게 간접적인 영향을 미친다.

④ **기후** : 기후요인 중 온도와 습도는 생물군집의 분포를 제한하는 요인이다.

⑤ **재해** : 동물에게 부상 또는 사망의 원인을 가져올 수 있는 모든 요인들로 최근 가장 크
게 대두되는 문제는 도로의 증가에 의한 서식 환경의 변화이다.

⑥ **질병** : 동물의 생리적, 행동적 변화를 일으키는 요소로 동물을 직접 죽이기도 하지만
몸을 쇠약하게 만든다.

핵심유형 익히기

08 다음 중 서식지 구성요소에 대한 설명으로 옳지 않은 것은?

　① 서식 환경 내에서 날씨(악천우 등)나 포식자 등의 위협요인으로부터 지켜주는 환
　　경 요소를 은신처라고 한다.

　② 공간의 크기는 개체군을 이루는 종의 크기, 먹이의 종류, 번식력, 서식지의 다양성
　　등에 의해 좌우된다.

　③ 물은 체내 수분을 보충하기 위해 반드시 필요하므로 야생동물에 직접적인 영향을
　　미치기도 한다.

　④ 온도와 습도는 생물의 분포를 제한하지 않는다.　　　　　　　　　■④

09 피식종과 포식종의 설명으로 옳지 않은 것을 고르면?

　① 피식종의 증식률보다 포식종의 증식률이 높다.

　② 피식종이란 다른 동물에게 잡아먹히는 동물이다.

　③ 포식종의 밀도는 피식종의 밀도보다 낮다.

　④ 포식종은 일반적으로 다양한 종을 포식한다.　　　　　　　　　　■①

10 다음 중 야생동물의 서식요소 중 은신처에 대한 설명으로 옳지 않은 것은?

　① 은신처는 반드시 먹이와 물을 쉽게 얻을 수 있는 환경이어야 한다.

　② 조류에게 있어 둥지와 휴식장소는 생존에 필수적이다.

　③ 야생동물의 서식밀도에 영향을 줄 수 있다.

　④ 은신처는 날씨 또는 포식자와 같은 위협요인으로부터 야생동물을 지켜준다. ■①

03 인수공통감염병 ****

(1) 인수공통감염병의 정의와 종류

① <u>인수공통감염병</u> : 동물과 사람 간에 서로 전파되는 병원체에 의하여 발생되는 감염병 중 보건복지부장관이 고시하는 감염병 ^{2019년출제}

② **인수공통감염병의 종류** : 장출혈성대장균감염증(O-157), 일본뇌염, 브루셀라증, 탄저, 공수병(광견병), 조류인플루엔자 인체감염증, 중증급성호흡기증후군(SARS), 변종 크로이츠펠드-야콥병(vCJD), 큐열(Q-fever), <u>결핵, 렙토스피라증, 탄저병</u> 등 ^{2019년출제}

(2) 감염병의 전파 동물과 질병

① **돼지** : 일본뇌염, 살모넬라, 돈단독증

② **개** : 공수병(광견병), 톡소플라스마증

③ **소** : 살모넬라, 결핵, 탄저

④ <u>들쥐</u> : 발진열, <u>쯔쯔가무시병</u>, 유행성출혈열(들쥐의 배설물), 유행성 간염, 페스트(흑사병), 서교증, 살모넬라증, 렙토스피라증 등

⑤ **산토끼** : 야토병

(3) 위생해충과 매개하는 질병

① **진드기** : 유행성출혈열, 옴, <u>쯔쯔가무시병(좀진드기류)</u>, 록키산홍반열, 재귀열 등 ^{2019년출제}

② **이** : 발진티푸스(겨울에 많이 발생), 재귀열, 참호열

③ **벼룩** : 페스트, 발진열

④ <u>모기</u> : 말라리아, 사상충증, 황열, 일본뇌염, 뎅기열 등

⑤ **파리** : 파라티푸스, 장티푸스, 살모넬라균에 의한 식중독

(4) 각종 감염병의 특징

① <u>산토끼병(야토병)</u>

　　㉠ 설치류 동물 사이에 유행하는 전염병으로 오한, 전율, 발열과 균이 침입한 피부에 농포가 생기는 인수공통감염병

　　㉡ 감염경로 : 감염병에 걸린 산토끼의 고기나 모피에 의한 경피감염

　　㉢ 잠복기 : 1~ 10일

　　㉣ 예방 : 병든 산토끼의 식육으로 이용 금지. 소각, 손에 상처가 있을 때 토끼의 직접 조리 금지

② 렙토스피라증

ㄱ 가을철 풍토병으로 일컬어지며, 들쥐 등의 소변으로 균이 배출되어 피부 상처를 통해 감염되는 전염병

ㄴ 증상 : 고열, 오한, 식욕감퇴, 순환계 및 신장계 장애

ㄷ 감염경로 : 쥐의 오줌에 오염된 물과 식품을 통한 경구감염

ㄹ 예방법 : 쥐의 구제, 손발 세척, 사균백신 이용

③ Q열(Q-fever)

ㄱ 미생물인 리케차에 의해 동물에 발생하는 병

ㄴ 증상 : 급격한 오한, 발열, 두통

ㄷ 감염경로 : 병원체가 함유된 동물의 생유에 의한 경구감염, 병에 걸린 동물의 조직이나 배설물에 의한 경피감염

ㄹ 예방 : 진드기 등 흡혈곤충의 박멸, 우유의 살균, 감염동물의 조기발견과 조치

④ 돼지단독증

ㄱ 주로 돼지에게 발생하는 질환, 세계 각지에 널리 분포, 보통 여름에 많이 발생

ㄴ 증상 : 발열 피부발적, 자홍색의 홍반(유단독), 근접임파선과 관절부에 종창, 동통

ㄷ 잠복기 : 1~4일

ㄹ 감염경로 : 주로 피부상처를 통한 경피감염, 일부 경구감염

ㅁ 예방 : 감염된 동물의 조기 발견, 격리, 치료, 소독, 돼지에게 예방접종

⑤ 탄저병

ㄱ 흙 속에 사는 탄저균이 노출돼 발생하는 전염성 감염 질환으로, 탄저균에 감염된 사체나 오염된 토양과 피부가 접촉했을 때 발생

ㄴ 예방 : 가축에 약독생균 백신에 의한 예방접종 실시, 병에 걸린 동물의 조기 발견, 격리치료 또는 도살처분 후 소각이나 고압 증기멸균

⑥ 브루셀라증

ㄱ 인수공통감염병으로서 사람에게는 열병, 동물에게는 유산을 일으키는 질환

ㄴ 주로 병에 걸린 동물의 제품이나 고기를 거쳐 경구감염

ㄷ 고기, 소변 등에 의한 경피감염

ㄹ 병든 동물과 접촉할 기회가 많은 직업을 가진 사람의 일종의 직업병

(5) 예방책 2019년 출제

① 야외활동 시 가급적 야생동물과의 접촉을 피하는 것이 좋다. 2019년 출제

② 풀밭에나 숲에 피부가 직접 닿지 않도록 주의한다.

③ 야외활동 후에는 손 씻기 등 개인위생을 철저히 하고, 식품은 충분히 가열해서 먹는다.

④ 발견한 지역을 관할하는 유역환경청이나 지방환경청, 또는 관할 시·군·구 환경부서에 유선, 서면 또는 전자문서로 신고한다.

⑤ 최초 발견지점에서 육안으로 확인 가능한 범위 안의 죽거나 병에 걸린 야생동물에 대하여 모두 신고해야 한다.

⑥ 등산이나 산책을 할 때에는 정해진 길 안으로 다닌다.

핵심유형 익히기

11 다음 중 동물과 사람에 공통으로 질병을 일으키는 것을 의미하는 용어는?

① 법정전염병　　　　　　　　　② 인수공통감염병

③ 수인성질병　　　　　　　　　④ 가축전염병　　　　　　■②

12 다음 중 인수공통감염병의 사례가 아닌 것은?

① 일본뇌염, 구제역　　　　　　② 결핵, Q열

③ 야토병, 리스테리아병　　　　④ 돈단독증, 렙토스피라병　　■①

13 다음 중 들쥐에 의해 전파되는 감염병의 사례는?

① 발진열, 쯔쯔가무시병　　　　② 리케차성 두창, 천열(이즈미열)

③ 쯔쯔가무시병, 성홍열　　　　④ 페스트, 파라티푸스　　　　■①

14 위생해충과 매개하는 질병의 연결로 옳지 않은 것은?

① 이 – 발진티푸스, 재귀열　　　② 벼룩 – 페스트, 발진열

③ 진드기 – 유행성출혈열, 옴　　④ 빈대 – 참호열, 뎅기열　　　■④

15 다음 중 산토끼에 대한 설명으로 옳지 않은 것은?

① 증상 : 오한, 전율, 발열, 균이 침입한 피부에 농포, 악성결막염

② 잠복기 : 10~15일

③ 예방 : 병든 산토끼의 식육으로 이용 금지. 소각, 손에 상처가 있을 때 토끼의 직접 조리 금지

④ 산토끼를 취급하는 포수, 농부, 수육 취급자, 조리사에게 많이 발생　　　■②

16 다음 중 돼지단독증에 대한 설명으로 옳지 않은 것은?

① 감염경로 : 주로 피부상처를 통한 경피감염, 일부 경구감염

② 예방 : 감염된 동물의 조기 발견, 격리, 치료, 소독, 돼지에게 예방접종

③ 잠복기 : 5~7일 정도

④ 주로 돼지에게 발생하는 질환, 세계 각지에 널리 분포, 보통 여름에 많이 발생

■③

17 다음 중 Q열에 대한 설명으로 옳지 않은 것은?

① 잠복기 : 2~4주

② 예방 : 손발 세척, 사균백신 이용

③ 감염경로 : 병원체가 함유된 동물의 생유에 의한 경구감염, 병에 걸린 동물의 조직
이나 배설물에 의한 경피감염

④ 소, 염소, 양 등의 급성전염병, 세계 여러나라에 분포

■②

18 다음 중 가을철 풍토병으로 일컬어지며, 들쥐 등의 소변으로 균이 배출되어 피부 상처를 통해
감염되는 전염병을 고르면?

① 유행성출혈열

② 쯔쯔가무시병

③ 탄저병

④ 렙토스피라증

■④

19 다음 중 인수공통감염병으로서 사람에게는 열병, 동물에게는 유산을 일으키는 질환은?

① 돼지단독증

② Q열

③ 탄저병

④ 브루셀라병

■④

20 다음 중 야생동물로부터 병을 옮지 않기 위한 행동에 대한 설명으로 틀린 것은?

① 풀밭이나 숲에 피부가 직접 닿지 않도록 주의한다. 풀밭 위에 직접 옷을 벗고 눕거
나 잠자거나 용변을 볼 때 곤충에 의해 병이 옮을 수 있기 때문이다.

② 야외활동 후에는 손 씻기 등 개인위생을 철저히 하고, 식품은 충분히 가열해서 먹
는다.

③ 야외활동 시 가급적 야생동물과의 접촉을 피하는 것이 좋다.

④ 등산이나 산책을 할 때에는 정해진 길 밖으로 다닌다.

■④

02 수렵생물의 특성

핵심유형
01 야생조수의 이동성에 따른 분류 *****

구분	습성	종명
텃새*	연중 우리나라에 서식 및 번식하는 종류	꿩, 멧비둘기, 참새, 까치 등 2019년 출제
여름철새*	봄에 왔다가 겨울을 나고 가을에 번식지로 되돌아가는 종류	뻐꾸기, 파랑새, 꾀꼬리, 제비, 뜸부기, 솔부엉이, 호랑지빠귀, 쏙독새, 팔색조 등 2019년 출제
겨울철새*	가을에 왔다가 겨울을 나고 봄에 번식지로 되돌아가는 종류	청둥오리, 기러기, 두루미, 고니, 쇠오리, 떼까마귀, 고방오리, 가창오리, 말똥가리, 홍머리오리, 독수리 등
나그네새	봄, 가을에 우리나라를 통과하는 종류	도요, 물떼새, 촉새 등
길 잃은 새	이동 중에 태풍 등으로 인하여 우리나라에 오는 새	군함조, 사막꿩, 큰바람까마귀 등

핵심유형 익히기

01 다음 중 우리나라의 조류에 관한 설명으로 옳지 않은 것은?

① 철새는 여름철새, 겨울철새 두 가지로 구분된다.

② 겨울철새는 우리나라에서 월동하기 위해 가을철에 북쪽에서 날아온다.

③ 우리나라에서 번식하는 조류는 텃새와 여름철새로 구분된다.

④ 텃새는 연중 우리나라에서 볼 수 있다. ■①

02 나그네새에 관한 설명으로 옳은 것을 고르면?

① 보통 선박을 이용하여 먼 바다를 이동해 온다.

② 태풍 등으로 인하여 우리나라로 피신하는 경우가 많다.

③ 봄부터 가을까지 우리나라에 서식하는 조류이다.

④ 봄과 가을에 우리나라를 통과하며, 번식지와 월동지는 우리나라보다 북쪽 또는 남쪽에 있다. ■④

03 다음 중 철새에 속하지 않는 경우는?

① 갈까마귀   ② 고방오리

③ 홍머리오리   ④ 어치   ■④

04 겨울철새가 아닌 사례를 고르면?

① 큰부리까마귀   ② 청둥오리

③ 고니   ④ 두루미   ■①

05 여름철새에 관한 설명으로 옳은 것을 고르면?

① 번식을 위해 우리나라에 서식하는 조류이다.

② 3-4월에 북상한다.

③ 휴식을 위해 우리나라에 서식하는 조류이다.

④ 9-10월부터 우리나라에 서식한다.   ■①

06 여름철새에 속하지 않는 새가 아닌 것을 고르면?

① 황조롱이   ② 호랑지빠귀

③ 제비   ④ 솔부엉이   ■①

핵심유형
02 수렵조수의 특징 ★★★★★

(1) 까마귀류

① 참새목 까마귀과에 속하는 새 : 큰부리까마귀, 갈까마귀, 잣까마귀, 어치, 까치 등

② 떼까마귀

    ㉠ 식성은 주로 잡식성으로 교목 위에서 집단으로 번식하기도 한다.

    ㉡ 성조의 겨울깃은 자색광택이 강한 검은색이다.

    ㉢ 떼까마귀는 암수 구분이 어렵다.

    ㉣ <u>겨울철새로 군집성이 매우 강해 많은 수의 무리를 지어 이동한다.</u> 2019년 출제

③ 큰부리까마귀

    ㉠ 크기가 가장 큰 편에 속하는 까마귀이다.

    ㉡ <u>까마귀 중 수렵동물로 지정되어 있지 않은 종이다(수렵할 수 있는 까마귀는 3종).</u>

④ 붉은부리까마귀 : 우리나라에서 텃새가 아닌 까마귀류이다.

⑤ 갈까마귀 : 까마귀 중 몸집이 가장 작은 것이다.

(2) 까치

① 한국의 전역에서 번식하는 흔한 텃새이다.

② 주로 평지 촌락 주변, 시가지 공원, 주택가에서 서식한다.

③ 번식 후에는 무리를 지어 서식한다.

④ 본래 제주도에 서식하지 않았으나 행사의 일환으로 방생된 후 급속히 번식하여 생태계를 교란하게 된 종이다.

⑤ 식성은 잡식성이며, 전주 등 전력시설에 피해를 준다. _{2019년 출제}

(3) 꿩

① 수컷의 목에는 흰색의 목띠가 있어 외형적으로 암수가 쉽게 구분된다.

② 암꿩은 5~6월에 6~10개의 알을 낳고 새끼를 기르는데 알에서 부화한 새끼는 곧 걸어다니며 천적을 피한다.

③ 꿩은 바닥에 둥지를 만드는데 암컷은 부화 후에도 둥지에서 한 달간 새끼를 기른다.

④ 대표적인 텃새로 일부다처제를 유지하는 조류이다.

⑤ 개체수 증가에 직접적인 영향을 미치기 때문에 꿩은 수컷만 수렵 가능하다.

⑥ 수컷은 높은 소리를 내며, 암컷은 낮은 소리를 낸다.

⑦ 수컷-장끼, 암컷-까투리라 부르기도 한다.

(4) 비둘기

① 멧비둘기

㉠ 암수가 같은 색으로 몸은 잿빛 도는 보라색이 바탕에 목 양쪽에 파란색의 굵은 세로무늬가 있다.

㉡ 둥지는 나무 위에 접시모양으로 만들고 2개 정도로 적은 수의 알을 낳는다.

㉢ 산란기는 4~6월 사이지만, 때로는 7~10월 사이에 산란하기도 한다.

㉣ 농경지의 소나무에서 주로 번식하는데 침엽, 활엽수림이나 아고산지대의 혼합림에 많이 산다.

㉤ 번식이 끝나면 작은 무리를 지어 생활한다.

㉥ 대표적인 사냥새로 일부 지역에 서식밀도가 너무 높아 농작물에 다소 피해를 준다.

2019년 출제

② **양비둘기**(낭비둘기) : 한국에서는 제주도와 거제도 등 섬을 포함한 전역에서 번식하는 텃새로 남해 구례 화엄사 등에서 서식하기도 한다. ^{2019년 출제}

(5) 오리류

① **먹이를 먹는 행동에 의한 오리류의 구분**

ㄱ 잠수성(바다)오리

ⓐ 잠수성 오리에는 흰줄박이오리, 검둥오리, 바다쇠오리 등이 있다.

ⓑ 수렵조수에 해당하지 않는다.

ⓒ 물속에 깊이 들어가 물고기를 먹기 때문에 농작물에 피해를 덜 준다.

ⓓ 물고기 이외에 곡식 낱알들도 먹는다.

ㄴ 수면성(담수성)오리

ⓐ 수면성 오리에는 청둥오리, 고방오리, 쇠오리, 가창오리, 흰뺨검둥오리, 홍머리오리, 원앙 등이 있다.

ⓑ 농작물에 피해를 주는 오리인데 수렵조류로 지정된 것은 모두 수면성오리이다.

② **흰뺨검둥오리**

ㄱ 암컷과 수컷을 쉽게 구별할 수 없다.

ㄴ 눈 가장자리에서 목까지 어두운 녹색의 선이 있으며 머리, 뺨 및 목은 밤색이다.

ㄷ 머리는 갈색이고 옆 목에 흰색선이 있으며 앞 목은 흰색이다.

ㄹ 연중 서식하는 개체군과 9-10월부터 도래하여 3-4월에 북상하는 월동개체군이 있다(우리나라에서 번식하는 오리).

ㅁ 호수, 못, 논, 하천, 들판 등에서 생활한다.

③ **청둥오리**

ㄱ 대부분 겨울 철새로 우리나라에 찾아온다.

ㄴ 일부 개체는 국내에서 번식을 하기도 한다.

ㄷ 농경지, 습지 등에서 곡식 낱알이나 식물 줄기 등을 먹는다.

ㄹ 집오리의 조상으로, 간혹 색이 비슷한 집오리와 구분하기 힘들다.

④ **고방오리**

ㄱ 늦가을에 우리나라에 도래하는 겨울철새이다.

ㄴ 월동지에서는 주로 하천과 호소 등에서 생활한다.

ㄷ 수컷의 머리는 갈색이며 옆 목에 흰색의 선이 있고 앞 목은 흰색이다. 또한, 옆구리는 회색 바탕에 가로줄이 있고, 꼬리가 길고 뾰족하다.

ㄹ 암컷의 머리는 적갈색에 흑색의 반점이 있다.

⑤ 쇠오리

  ㉠ 10월부터 이듬해 3월 사이에 우리나라에 오는 겨울철새이다.

  ㉡ 외견상 암수의 차이가 뚜렷하며, 수렵 가능한 오리 중에서 가장 작다.

⑥ 가창오리 : 쇠오리와 유사하며, 겨울철에 거대 무리를 짓는다.

(6) 참새

① 우리나라 텃새로 수렵동물 중에서 가장 작다.

② 얼굴은 희고 귀깃과 턱은 흰색으로 암수 같은 빛깔이다.

③ 수렵 대상 조수로 참새와 섬참새 2종이 서식하고 있다.

④ 식성은 주로 식물성이지만, 여름철에는 곤충류인 딱정벌레, 나비목 등을 많이 먹는다.

⑤ 참새는 일년에 2~3번의 번식이 가능하다.

(7) 어치

① 머리는 적갈색으로 날개덮깃에 검은 줄무늬가 있는 청색무늬가 뚜렷하다.

② 비상시 허리의 흰색 무늬가 뚜렷이 보인다.

③ 까마귀와 같은 과에 속한다.

(8) 원앙 2019년 출제

① 우리나라에서 번식하고, 겨울철에 더 많은 개체가 관찰된다.

② 나무구멍에 둥지를 튼다.

③ 번식기에는 산간 계류에서 생활하고, 겨울철에는 강, 바닷가, 저수지로 모여든다.

④ 흔하지 않은 텃새이나 봄·가을의 이동 시기에는 여러 곳에서 볼 수 있다.

(9) 기타

① 말똥가리 : 홍채(눈동자)의 색으로 연령을 짐작할 수 있는 종이다.

② 큰소쩍새와 소쩍새를 구분할 수 있는 기준 : 몸집의 크기, 홍채(눈동자)의 색, 발가락 털의 유무

③ 황조롱이 : 천연기념물로 다자란 수컷의 머리는 청회색을 띠어 암컷과 구별된다.

핵심유형 익히기

07 다음 중 떼까마귀에 대한 내용으로 옳지 않은 것은?

① 암수 구분이 어렵다.
② 식성은 초식성이다.
③ 겨울철새로 매우 큰 무리를 지어 농경지에 서식하는 까마귀류이다.
④ 군집성이 강하고 교목 위에서 집단으로 번식하기도 한다.　　　　■②

08 다음 중 까치에 대한 설명으로 옳지 않은 것은?

① 번식 후에는 무리를 지어 서식한다.
② 제주도와 울릉도를 포함한 먼 도서지역에도 흔히 번식하는 텃새이다.
③ 최근 과수에 피해를 주고 있어 유해조수로 여겨진다.
④ 농촌 부락 또는 시가의 교목 위에 둥지를 짓는다.　　　　■②

09 다음 중 꿩의 습성 및 생김새에 대한 설명으로 옳지 않은 것은?

① 알에서 부화한 새끼는 곧 걸어다니며 천적을 피한다.
② 암꿩은 5~6월에 6~10개의 알을 낳고 새끼를 기른다.
③ 수꿩과 암꿩은 생김새로 쉽게 구분할 수 있다.
④ 수꿩과 암꿩은 일부일처제의 생활 습관을 가진다.　　　　■④

10 다음 까마귀의 종류 중 수렵동물로 지정되어 있지 않은 것은?

① 큰부리까마귀　　　　　　② 떼까마귀
③ 까마귀　　　　　　　　　④ 갈까마귀　　　　■①

11 다음 멧비둘기에 대한 설명으로 옳지 않은 것은?

① 일 년에 단 한번 번식한다.
② 번식이 끝나면 작은 무리를 지어 생활한다.
③ 몸은 잿빛 도는 보라색이 바탕에 목 양쪽에 파란색의 굵은 세로무늬가 있다.
④ 둥지는 나무 위에 접시모양으로 만들고 2개의 알을 낳는다.　　　　■①

12 다음 중 잠수성 오리에 대한 설명으로 틀린 것은?

① 청둥오리는 대표적인 잠수성 오리이다.
② 수렵조수에 해당하지 않는다.
③ 물고기 이외에 곡식 낱알들도 먹는다.
④ 물속에 깊이 들어가 물고기를 먹기 때문에 농작물에 피해를 덜 준다.　　　　■①

13 다음 중 오리류에 대한 설명으로 옳지 않은 것은?

① 우리나라 오리류는 모두 텃새(겨울 철새)이다.

② 수렵조류로 지정된 것은 모두 수면성 오리이다.

③ 청둥오리는 겨울 철새에 해당한다.

④ 잠수성 오리와 수면성 오리로 구분한다.　　　　　■①

14 다음 중 흰뺨검둥오리에 대한 설명으로 옳은 것은?

① 알은 2개만 낳고 포란기는 28일이다.

② 오리류 중 유일하게 나무 위의 둥지에서 번식을 한다.

③ 오리류 중 대표적인 여름철새이다.

④ 연중 서식하는 개체군과 9-10월부터 도래하여 3-4월에 북상하는 월동개체군이 있다.　　　　　■④

15 청둥오리에 대한 설명으로 옳지 않은 것은?

① 번식기에 외형으로 암수를 구분하기가 힘들다.

② 농경지, 습지 등에서 곡식 낱알이나 식물 줄기 등을 먹는다.

③ 일부 개체는 국내에서 번식을 하기도 한다.

④ 대부분 겨울 철새로 우리나라에 찾아온다.　　　　　■①

16 다음 중 고방오리에 대한 설명으로 옳지 않은 것은?

① 수컷의 머리는 청색이며, 옆 목에 흰색의 선이 있다.

② 월동지에서는 주로 하천과 호소 등에서 생활한다.

③ 늦가을에 우리나라에 도래하는 겨울철새이다.

④ 암컷의 머리는 적갈색에 흑색의 반점이 있다.　　　　　■①

17 다음 중 쇠오리에 대한 설명으로 옳지 않은 것은?

① 수렵 가능한 오리 중에서 가장 작다.

② 수면성 오리류이다.

③ 암수의 형태가 비슷하다.

④ 겨울철새이다.　　　　　■③

18 다음 중 참새에 대한 설명으로 옳지 않은 것은?

① 참새는 일년에 2~3번의 번식이 가능하다.
② 우리나라 텃새로 수렵동물 중에서 가장 작다.
③ 참새는 계절에 따라 해충을 잡아먹는다.
④ 참새는 농작물에 큰 해를 끼치는 유해조수일 뿐이다.　　　　■④

19 다음 중 어치에 대한 설명으로 옳지 않은 것은?

① 때까치와 같은 과에 속한다.
② 비상시 허리의 흰색 무늬가 뚜렷이 보인다.
③ 머리는 적갈색이다.
④ 날개덮깃에 검은 줄무늬가 있는 청색무늬가 뚜렷하다.　　　　■①

핵심유형
03 수렵수류의 특징 ★★★★★

(1) **고라니** 2019년 출제

① 갈대밭, 관목이 우거진 곳에서 서식한다.
② 견치(송곳니)는 암수 모두에게 있다.
③ 교미시기는 11월~1월로 5월~7월 한 번에 1~3마리의 새끼를 출산한다.
④ 노루보다 몸집이 작고, 머리에 뿔이 없다.
⑤ 털이 거칠고 초식성이며, 엉덩이에 흰색 반점도 없다.

(2) **노루**

① 수렵대상동물이 아니며, 몸집이 고라니에 비해 대개 크다.
② 한 번에 1~3마리의 새끼를 낳는다.
③ 털은 부드럽고, 엉덩이에 백색의 큰 반점이 있다.
④ 새끼를 낳을 때는 심산으로 이동한다.

| 고라니와 노루의 비교 | 2019년 출제

구분	고라니	노루
차이점	• 수컷은 뿔이 없다. • 털이 거칠다. • 주로 야산이나 구릉지에서 산다. • 견치(송곳니)가 있다.	• 수컷은 뿔이 있다. • 털은 부드럽다. • 새끼를 낳을 때는 심산으로 이동한다. • 엉덩이에 흰색 반점이 있다.
공통점	노루와 고라니 모두 암컷은 뿔이 없다.	

(3) 멧돼지 2019년 출제

① 야행성 동물로 날카로운 견치(송곳니)를 가지고 있다.

② 주둥이는 현저하게 길며 원통형이다.

③ 암컷 한 마리가 수컷 여러 마리를 거느리고 있다.

④ 은폐된 관목림에 나뭇가지 등으로 보금자리를 만들어 새끼를 낳는다.

⑤ 교미는 보통 12월~다음해 2월에 이루어진다.

⑥ 4~6월에 5~8마리의 새끼를 낳는다.

⑦ 새끼는 황갈색 바탕에 흰색 줄무늬가 있으며, 성장하며 점차 사라진다.

⑧ 대체로 잡식성의 식성을 갖고 있다. 2019년 출제

⑨ 간혹 농촌마을과 도심까지 출몰하여 농작물은 물론 인명피해까지 내고 있다.

(4) 청설모

① 견과류를 주먹이로 하기 때문에 농가의 피해가 크다.

② 몸은 회색을 띤 갈색, 네 다리와 귀의 긴 털, 꼬리는 검은색이다.

③ 번식기 2월 상순, 임신기간 약 35일, 연 2회 한 배에서 약 5마리 새끼를 낳는다.

④ 몸크기는 다람쥐보다 크고, 밤, 잣 등의 열매를 저장하는 습성이 있다.

핵심유형 익히기

20 고라니에 대한 내용으로 옳지 않은 것은?

① 1~2월에 3~5마리의 새끼를 낳는다.

② 노루와 달리 머리에 뿔이 없으며, 엉덩이에 흰색 반점도 없다.

③ 노루보다 몸집이 작다.

④ 암컷에게도 견치(송곳니)가 있다.

■①

21 노루에 대한 설명으로 옳은 것을 고르면?

① 엉덩이에 흰색 반점이 있다.
② 한국과 중국 동중부 등 일부 지역에만 분포한다.
③ 수컷에서 견치(송곳니)가 특징적이다.
④ 암수 모두 뿔을 가지고 있지 않다.

■①

22 다음 중 고라니와 노루에 대한 설명으로 옳지 않은 것은?

① 고라니의 암수 모두 작은 뿔이 있다.
② 고라니는 견치(송곳니)가 있고 노루 수컷은 뿔이 있다.
③ 고라니의 털은 등쪽은 노란빛을 띤 갈색, 배쪽은 연한 노란색이다.
④ 고라니는 주로 야산이나 구릉지에서 산다.

■①

23 다음 중 멧돼지에 대한 설명으로 옳지 않은 것은?

① 새끼는 황갈색 바탕에 흰색 줄무늬가 있으며, 성장하면서 점차 사라진다.
② 은폐된 관목림에 나뭇가지 등으로 보금자리를 만들어 새끼를 낳는다.
③ 야행성 동물로 어두운 계곡부에서 휴식을 취하다 해가 지는 시각에 활동한다.
④ 수컷은 겨울에 1~3마리의 암컷과 교미하며, 교미 후에도 함께 생활한다.

■④

24 다음 중 청설모에 관한 설명으로 옳은 것은?

① 몸의 크기는 다람쥐보다 훨씬 작다.
② 임목의 종자와 열매를 주로 먹으며 나무구멍이나 나무 아래에 까치집 모양의 둥지를 지어 새끼를 낳는다.
③ 분만횟수는 1년에 1회이다.
④ 몸은 회색을 띤 갈색, 네 다리와 귀의 긴 털, 꼬리는 검은색이다.

■④

25 고라니에 대한 설명으로 옳지 않은 것은?

① 교미시기는 11월~1월이다.
② 한 번에 1~3마리의 새끼를 출산한다.
③ 간혹 농작물에 피해를 주기도 한다.
④ 해발고도가 높은 심산에 주로 서식한다.

■④

26 다음 중 멧돼지에 대한 설명으로 옳지 않은 것은?

① 새끼는 황갈색 바탕에 흰색 줄무늬가 있으며, 성장하면서 점차 사라진다.

② 은폐된 관목림에 나뭇가지 등으로 보금자리를 만들어 새끼를 낳는다.

③ 수컷은 겨울에 1~3마리의 암컷과 교미하며, 교미 후에도 함께 생활한다.

④ 야행성 동물로 어두운 계곡부에서 휴식을 취하다 해가 지는 시각에 활동한다.

■③

03 야생동물과 수렵생물의 식별

핵심유형
01 수렵이 가능한 야생동물과 수렵이 불가능한 야생동물 구분★★★★★

(1) 수렵 가능한 야생동물★★★★★★

① 포유류(3종) : 멧돼지, 고라니, 청설모 2019년 출제

② 조류(13종) : 꿩(수꿩), 멧비둘기, 까마귀, 갈까마귀. 떼까마귀, 쇠오리, 청둥오리, 홍머리오리, 고방오리, 흰뺨검둥오리, 까치, 어치, 참새 2019년 출제

(2) 수렵 불가능한 야생동물★★★

① 포유류 사례 : 스라소니, 반달가슴곰, 너구리 등 2019년 출제

② 조류 사례 : 꿩(암컷), 넓적부리도요, 검은머리촉새, 흰이마기러기, 팔색조, 큰덤불해오라기(암컷), 큰기러기 등 2019년 출제

(3) 2000년에 수렵야생동물로 지정된 동물

① 포유류 : 청설모

② 조류 : 까치, 어치

핵심유형 익히기

01 다음 중 수렵 가능한 야생동물을 고르면?

① 매

② 두루미

③ 노랑부리백로(여름)

④ 까마귀

■④

2 다음 중 수렵 가능한 야생동물을 고르면?

① 크낙새(수컷)

② 크낙새(암컷)

③ 청다리도요사촌(여름)

④ 쇠오리(암컷)

■④

3 다음 중 수렵 가능한 야생동물을 고르면?

① 검은머리물떼새

② 검은머리갈매기

③ 개리

④ 흥머리오리(암컷)

■④

4 다음 중 수렵 불가능한 야생동물을 고르면?

①

②

③

④

■③

5 2000년에 수렵야생동물로 지정된 포유류를 고르면?

①

②

③

④

■②

06 2000년에 수렵야생동물로 지정된 동물을 고르면?

① 참매

② 검독수리

③ 어치

④ 부엉이

■③

07 환경부장관이 고시한 멸종위기에 처한 야생동물로 옳은 것은?

① 까마귀

② 참수리

③ 멧비둘기

④ 쇠오리(암컷)

■②

핵심유형
02 멸종위기 야생생물과 천연기념물 구분 ★★

(1) 멸종위기 야생생물 I급 : 시행규칙 [별표 1]

등급	종 명
멸종위기 포유류 I급 중 중요한 것	반달가슴곰, 사향노루, 산양, 수달, 여우
멸종위기 조류 I급 중 중요한 것	검독수리, 넓적부리도요, 노랑부리백로, 두루미, 매, 먹황새, 저어새, 참수리, 청다리도요사촌, 크낙새, 호사비오리, 흑고니, 황새, 흰꼬리수리

(2) 멸종위기 야생생물 II급 : 시행규칙 [별표 1]

등급	종명
멸종위기 포유류 II급 중 중요한 것	담비, 물개, 삵
멸종위기 조류 II급 중 중요한 것	뜸부기, 큰기러기, 흑기러기

(3) 천연기념물

① 포유류 중 중요한 것 : 하늘다람쥐, 사향노루, 반달가슴곰, 수달, 붉은박쥐, 산양 등

② 조류 중 중요한 것 : 호사비오리, 노랑부리백로, 흰꼬리수리, 알락개구리매, 원앙, 황새, 큰고니, 크낙새 등

(4) 먹는 것이 금지되는 야생동물[시행규칙 별표 4]

① 먹는 것이 금지되는 포유류 : 반달가슴곰, 사향노루, 산양, 수달, 담비, 물개, 삵, 고라니, 너구리, 노루, 멧돼지, 멧토끼, 오소리

② 먹는 것이 금지되는 조류 : 검독수리, 넓적부리도요, 노랑부리백로, 두루미, 매, 먹황새, 저어새, 참수리, 청다리도요사촌, 크낙새, 호사비오리, 혹고니, 황새, 흰꼬리수리, 뜸부기, 큰기러기, 흑기러기, 가창오리, 고방오리, 쇠기러기, 쇠오리, 청둥오리, 흰뺨검둥오리

③ 먹는 것이 금지되는 파충류 : 구렁이, 까치살모사, 능구렁이, 살모사, 유혈목이, 자라

④ 먹는 것이 금지되는 양서류 : 계곡산개구리, 북방산개구리, 한국산개구리

핵심유형 익히기

08 멸종위기종 야생생물 I급으로 지정된 동물을 고르면?

①

②

③

④

■②

09 멸종위기 야생생물 II급으로 지정된 포유류가 아닌 것을 고르면?

①

②

③

④

■④

10 멸종위기 야생생물 II급으로 지정된 조류가 아닌 것을 고르면?

① 긴점박이올빼미

② 까막딱따구리(암컷)

③ 고대갈매기

④ 쇠오리(암컷)

■ ④

11 다음 중 천연기념물에 속한 조류는?

① 까마귀

② 갈까마귀(암컷)

③ 멧비둘기

④ 호사비오리(암컷)

■ ④

12 야생생물 보호 및 관리에 관한 법률 제9조 제1항에 따라 먹는 것이 금지된 야생동물 포유류 (13종)에 속한 것이 아닌 것은?

①

②

③

④

■ ①

03 기타 특징별 구분 ★★

(1) 유해야생동물로 지정된 동물(시행규칙 [별표 3])

① 유해야생동물로 지정된 포유류 : 고라니, 멧돼지, 청설모, 두더지, 쥐류

② 유해야생동물로 지정된 조류 : 참새, 까치, 어치, 직박구리, 까마귀, 갈까마귀, 떼까마귀, 꿩, 멧비둘기, 오리류(오리류 중 원앙이, 원앙사촌, 황오리, 알락쇠오리, 호사비오리, 뿔쇠오리, 붉은가슴흰죽지는 제외), 집비둘기

(2) 개체수의 급감 또는 절멸로 복원을 시도 중인 종

① 포유류 : 반달가슴곰, 여우

② 조류 : 따오기, 황새 2019년 출제

(3) 암컷과 수컷을 쉽게 구별할 수 없는 것 : 흰뺨검둥오리, 호사비오리, 흰꼬리수리, 수리부엉이

(4) 한둥지에 알의 수가 가장 적은 조류 : 멧비둘기

핵심유형 익히기

13 분묘를 훼손하는 유해야생동물로 지정된 동물은?

①

②

③

④

■ ②

14 다음 중 개체수의 급감 또는 절멸로 복원을 시도 중인 종을 고르면?

① 까마귀

② 무당새

③ 따오기(암컷)

④ 멧비둘기

■ ③

15 암컷과 수컷을 쉽게 구별할 수 없는 종류는?

① 갈까마귀

② 꿩

③ 고방오리

④ 흰꼬리수리

■④

16 한 번에 낳는 알의 수가 가장 적은 조류를 고르면?

① 멧비둘기

② 참새

③ 꿩

④ 흰뺨검둥오리

■①

03

수렵도구의 사용방법

01 수렵용 총기 기초

01 수렵도구 사용법 숙지 목적과 총기의 역사***

(1) 수렵도구 사용법 숙지 목적

① 수렵도구의 특성과 구조 및 사용법 숙지

② 안전사고 예방 및 생명과 재산 보호

(2) 총기의 역사

① **총기의 출현** : 활을 사용해 오던 인간에게 전쟁이 빈번해 지면서 활보다 강력한 무기가 필요하여 개발된 것이 총이다.

② **화약의 발명** : 중국에서 발명된 화약은 인류 역사에 가장 큰 변화를 일으킨 요인 중 하나로 흑색 화약을 사용한 대포는 요새화된 성(城)을 무력화시키고 전쟁의 양상을 변화시켰다.

③ **총기의 발달 과정**

　㉠ 화승총(Match Lock)

　　ⓐ 총구에 화약과 탄두를 차례로 밀어 넣고 용수철을 이용해 심지에 점화시키는 방법으로 발사된다.

　　ⓑ 세계 최초로 발명된 총기로 15세기 후반에 유럽에서 발명되어 17~18세기까지 사용되었다.

　㉡ 방아틀 총(wheel lock)

　　ⓐ 라이터 점화 원리와 같은 장치로 불을 붙여 발사하는 총기로 15세기경 이탈리아의 레오나르도 다 빈치(Leonardo da Vinci)가 화승총의 단점을 보완하여 발명한 총기이다.

　　ⓑ 1517년에는 독일의 요한 키푸스(Johan Kiefuss)가 개량된 차륜식 방아틀 총을 만들었다.

　㉢ 추석총(Flint Lock)

ⓐ 총구로 화약과 탄두를 장전시키던 총기에서 후방장전식으로 개량된 총기로 17세기 초부터 19세기 중기에 이르기까지 독보적인 총기로 자리 잡은 현대 총기의 시조이다.

ⓑ 추석총은 마찰에 의하여 불씨를 얻는 것으로 불발이 현저히 감소되고, 제작과 점화가 간단하였다.

ⓔ 충격식 총(Percussion System)

ⓐ 화약이 충격을 받으면 점화된다는 사실을 알고 공이치기로 뇌관을 때려 발사될 수 있도록 만들어진 총기로 폭분을 총신과 화구의 중간 홈에 밀어 넣고, 이것을 격침으로 때려 발화시키는 것이다.

ⓑ 뇌관은 1818년 영국에서 만들었고, 1821년에 웨슬리 리차아드가 실용적 뇌관을 개발했다.

ⓒ 1936년 레파우치(Lefaucheux)가 탄피 옆에 뇌관을 붙여 공이치기로 때려 발사시키는 점화식(Pin Fire)으로 개량해 군장비로 채택되어 발전을 하였다.

(3) 총기 일반 안전수칙

① 총기는 철제격납고나 시정장치가 있는 캐비넷에 넣어 보관하여야 한다.

② 수렵총기의 일시 보관 등 경찰서장이 발하는 명령에 따라야 한다.

③ 총기 보관시는 약실에 실탄이 없어야 하고 격발한 상태로 보관하여야 한다.

④ 이동 중에는 총기는 총집에 넣고 실탄은 분리휴대하는 등 안전조치를 취해야 한다.

⑤ 빈총을 격발할 때에도 먼저 장탄 유무를 확인하고 총구는 반드시 하늘을 향해야 한다.

⑥ 타인에게는 어떤 경우에도 총기를 빌려주어서는 안 된다.

⑦ 수렵용 총기는 사격전까지 안전장치를 하여야 한다.

⑧ 총기를 변조 또는 개조해서는 안된다.

⑨ 확인되지 않은 야생동물은 사격 직전까지 방아쇠에 손을 대서는 안 된다.

(4) 수렵도구 사용방법

① 수렵장으로 이동 중 또는 수렵장 내에서도 안전사고 예방을 최우선시 해야 한다.

② 숲속이나 넝쿨이 산재한 지역에서는 실탄을 제거한다.

③ 일출 전 또는 일몰 후에는 수렵 동물이 목전에 있어도 포획을 하지 않는다.

④ 갈대숲 등에서 은폐가 잘 되는 수렵 복장을 입어서는 안 된다.

⑤ 치명상을 입은 수렵 동물 추격 중 민가 지역 통과 시에는 실탄을 제거한다.

⑥ 갈대숲 등에서는 방아쇠울을 손으로 감싼다.

⑦ 2인1조 차량으로 이동 중에도 총기는 사용하지 않는다.

⑧ 수림이 우거진 숲속 등 시야 확보가 곤란한 지역에서는 수렵을 중지한다.

⑨ 호숫가에 많은 청둥오리가 있어도 수평사격을 하지 않는다.

⑩ 수렵도구는 용변 또는 식사 중에도 휴대하여야 한다.

(5) 수렵활동 중 지켜야할 사항 2019년 출제

① 날고 있는 조류는 2발 이상 사격하지 않는다.

② 치명상을 입고 도망간 동물은 추적하여 사살한다.

③ 수렵동물 외에는 수렵하여서는 아니된다.

④ 수렵으로 인한 포획물은 황색, 학술연구 종조수 포획물은 흑색, 유해조수 포획물은 적색, 인공사육 조수는 녹색의 포획조수 확인표지를 부착한다.

⑤ 포유류는 표지물을 귀에 부착하고 조류는 발목에 부착한다.

⑥ 참새는 5마리 이상을 한 묶음으로 하여 표지물을 발목에 부착한다.

⑦ 음주 후, 약물 복용 후, 피곤할 때에는 총기를 다루지 않는다. 2019년 출제

(6) 수렵 종료 후 수렵도구의 손질 및 보관 방법

① 기관부 등 주요부품의 습기나 먼지 등을 제거한다.

② 노리쇠를 후퇴시키고 실탄 장전여부 확인 후 약실을 닦는다.

③ 손질 시 금연 · 금주한다.

④ 경찰관서 보관 대상 총기 : 엽총, 공기총, 사격경기용 소총 2019년 출제

⑤ 사용한 총기는 총구를 닦고 수입해야 한다.

(6) 수렵도구 사용방법 중 틀린 사례

① 수렵 총기는 상대방의 안전을 고려하여 항상 수평을 유지한다.

② 멧비둘기가 전신주에 앉아 있는 것을 포착 후 사격한다.

③ 멧돼지를 포획하기 위하여 함정을 판 후 드럼통에 먹이를 넣고 유인하여 포획한다.

④ 시야가 확보된 숲속에서 멧토끼가 뛰는 것을 보고 사격한다.

01 수렵도구 사용 숙지의 가장 중요한 목적으로 옳은 것은?

① 수렵도구의 특성과 구조 및 사용법을 숙지하여 사람의 생명과 재산을 보호하고 자 함
② 수렵도구의 특성과 구조 및 사용법을 숙지하여 총기 사용을 원활히 하고자 함
③ 수렵도구의 특성과 구조 및 사용법을 숙지하여 많은 동물을 포획하고자 함
④ 시야가 가려진 수렵장에서 엽사 상호 간의 원활한 소통을 꾀하고자 함　■①

02 다음 중 15세기경 이탈리아인 다빈치가 화승총의 단점을 보완하여 발명한 총기는?

① 라이터 점화 원리와 같은 장치로 불을 붙여 발사하는 총기
② 탄피 옆에 뇌관을 붙여 공이치기를 때려 발사시키는 점화식 총기
③ 약실에 화약과 탄두를 넣고 심지에 점화 시키는 방법으로 발사되는 총기
④ 총구에 화약과 탄두를 넣고 심지에 점화 시키는 방법으로 발사되는 총기　■①

03 다음 중 수렵 종료 후 수렵도구의 올바른 손질 방법으로 옳지 않은 것은?

① 손질 시 금연·금주한다.
② 노리쇠를 후퇴시키고 실탄 장전여부 확인 후 약실을 닦는다.
③ 기관부 등 주요부품의 습기나 먼지 등을 제거한다.
④ 총구의 부식과 막힘 방지를 위해 가장 먼저 총구를 깨끗이 닦는다.　■④

04 다음 중 수렵도구 사용방법에 대한 설명으로 옳지 않은 것은?

① 수풀 속에서 바스락 소리가 나면 물체 확인 시까지 기다린다.
② 시야가 확보된 넓은 초원 지역에서도 전후방을 살펴야 한다.
③ 2인1조 차량으로 이동 중에도 총기는 사용하지 않는다.
④ 수렵 총기는 상대방의 안전을 고려하여 항상 수평을 유지한다.　■④

05 총포소지자 준수사항에 대한 설명으로 옳지 않은 것은?

① 일출 전 또는 일몰 후에는 수렵 동물이 목전에 있어도 포획을 하지 않는다.
② 수렵용 총기는 사격전까지 안전장치를 하여야 한다.
③ 수렵총기의 일시 보관 등 경찰서장이 발하는 명령에 따라야 한다.
④ 동료 엽사의 안전에 대비하여 시야 확보가 곤란한 지역에서는 개별 수렵을 한다.

■④

02 총기의 분류/총기 관련 용어 *

(1) 총기의 분류 2019년 출제

① **구조상 분류** : 선조총 · 산탄총 · 특수총

② **용도상 분류** : 군용 · 수렵용 · 사격경기용 · 호신용 등

③ **속성에 의한 분류**

    ㉠ 라이플(Rifle) : 총열 내부에 나선형의 강선(rifling)이 파여 있는 총

    ㉡ 산탄총(shot Gun) : 총구에 강선이 없는 총

    ㉢ 공기총(Air Rifle) : 압축공기의 힘으로 탄두를 발사시키는 총

(2) 수렵용 총기의 사용 목적에 따른 분류

① **선조총** : 주로 큰 짐승의 사냥

② **산탄총** : 새나 작은 짐승의 사냥

③ **공기총** : 작은 새의 사냥

(3) 총기 관련 용어

① **트리거**(trigger) : 총알을 발사하게 하는 장치로 방아쇠

② **파이프**(pipe gun) : 엽총과 같이 총열이 파이프 형으로 제작된 총

③ **해머**(hammer) : 실탄의 뇌관을 때려주는 공이

④ **피스톨**(pistol) : 권총을 통칭

⑤ **탄속** : 발사된 실탄의 속도로 총열의 길이, 실탄의 성능, 탄두의 모양 등에 영향을 받음 2019년 출제

⑥ **패턴**(pattern) : 퍼져나간 산탄의 탄착

⑦ **쵸크**(choke) : 패턴의 모양을 조절하고자 총열의 끝을 변형시킨 모양

⑧ **게이지**(gauge) : 산탄총의 구경

⑨ **밴드**(band) : 그립쪽의 콤 드롭(comd drop)과 개머리판의 힐 드롭(hill drop)로 이루어진 뺨부분의 상단선

⑩ **캐스트**(cast) : 총열의 개머리판 상단부가 이루는 각

⑪ **피치 다운**(pitch down) : 개머리판을 바닥에 세웠을 때 지면에서 90° 의 수직선과 리브선단과의 각도

⑫ 파워(power) : 총알을 내보내는 힘

⑬ 버트 플레이트(butt plate) : 개머리판

⑭ 캡(cap) : 엽총에서 발사된 엽탄알의 분포

⑮ 워드(Wad) : 엽탄의 공간에 산탄알을 저장하는 컵

핵심유형 익히기

6 수렵총기의 분류에 대한 설명으로 옳지 않은 것은?

① 산탄총의 구경은 라이플총에 비해 훨씬 넓은 것이 특징이다.

② 일반적으로 작은 수류는 산탄총을, 작은 새는 공기총을 사용한다.

③ 속성에 따라 화약을 사용하는 총기와 화약을 사용하지 않은 총기로 분류한다.

④ 용도에 따라 군사용, 수렵용, 사격경기용, 유해조수구제용으로 분류한다.

02 수렵용 총기(엽총, 엽탄)

핵심유형
01 수렵용 총기의 특징 *****

(1) 수렵용 총기 개요

① 수렵용으로 사용이 가능한 총기는 엽총과 공기총이다.

② 휴대와 조준이 편하고 견고하게 제작되어 있다.

③ 견착 요령은 엽총과 공기총이 동일하다.

④ 강선이 있는 수렵용 총기와 강선이 없는 수렵용 총기가 있다.

⑤ 총종에 따라 조준방법이 다르다.

⑥ 라이플 소총은 사냥용으로 사용할 수 없다.

⑦ 라이플 소총은 강선이 있어 사격경기용으로 사용할 수 있다.

⑧ 총기 소지자는 허가권자가 발하는 명령에 따라야 한다.

⑨ 수렵을 하고자 하는 사람은 반드시 수렵보험에 가입하여야 한다.

⑩ 총기보관 해제 신청기간이 설정되면 동 기간에 신청하여야 한다.

⑪ 수렵용 총기는 최대 2정까지 해제 받을 수 있다.

(2) 엽총의 특징

① 엽총은 강선이 없어 산탄만 사용한다.

② 현행법은 단탄 엽총은 사용할 수 없다.

③ 엽총은 사격경기용과 수렵용으로 분류한다.

④ 엽총은 조준과 휴대가 간편하며 공기총에 비해 고장이 적다.

⑤ 엽총의 구경은 번경으로 표시한다.

⑥ 움직이는 물체에 효과적으로 사용할 수 있는 총기는 엽총이다.

⑦ 엽총은 공기총보다 신속하게 조준하여 사격할 수 있다.

(3) 공기총의 특징

① 수렵용 공기총은 산탄총과 단탄총이 있다.

② 단탄 공기총은 명중률과 파괴력을 높여주는 강선을 총열에 채택하였다.

③ 공기총의 구경은 밀리미터(mm)법을 사용하고 있다.

④ 공기총은 압축공기를 넣어야 하는 불편함이 있으나 가벼운 장점이 있다.

⑤ 수렵용 공기총은 가벼우나 초크를 사용할 수 없다.

⑥ 공기총은 개인이 보관할 수 없고 허가권자가 지정하는 장소에 보관하여야 한다.

핵심유형 익히기

01 다음 중 수렵총기의 특징에 대한 설명으로 옳지 않은 것은?

① 산탄은 긴 패턴을 만들어 포획률을 높이고 리브는 신속한 조준이 가능하게 제작하였다.

② 단탄 공기총은 명중률과 파괴력을 높여주는 강선을 총열에 채택하였다.

③ 강선이 없는 엽총은 날아가는 조류를 포획할 목적으로 제작되었다.

④ 휴대와 조준이 편하고 견고하게 제작되어 있다.   ■①

02 다음 중 수렵용 총기에 대한 설명으로 옳지 않은 것은?

① 공기총은 일몰 후 수렵을 중지하고 안전장소에 개인 보관하여야 한다.

② 「총포·도검·화약류 등의 안전관리에 관한 법률」에 따라야 한다.

③ 수렵을 하고자 하는 사람은 반드시 수렵보험에 가입하여야 한다.

④ 총기 소지자는 허가권자가 발하는 명령에 따라야 한다.   ■①

03 다음 중 수렵용 총기에 대한 설명으로 옳지 않은 것은?

① 공기총의 구경은 밀리미터(mm)로 표시한다.

② 총종에 따라 조준방법이 다르다.

③ 엽총의 구경은 번경으로 표시한다.

④ 모든 공기총에는 강선이 있다.   ■④

04 수렵용 엽총의 특징에 대한 설명으로 옳지 않은 것은?

① 둥근 패턴은 포획률을 높여 준다.

② 개머리판은 반동을 완화시켜 준다.

③ 넓은 탄막을 이루어 날아가도록 제작되어 있다.

④ 사다리형 가늠자가 있어 신속한 조준 사격을 할 수 있다.   ■④

05 다음 중 수렵용 공기총의 특징에 대한 설명으로 옳지 않은 것은?

① 탄착군을 형성한다.
② 소총은 허가 대상이 아니다.
③ 산탄과 단탄용으로 분류된다.
④ 가벼우나 고장률이 높다.   ■①

06 공기총에 대한 설명으로 옳지 않은 것은?

① 위력은 공기 압축식 보다 중절식이 더 좋다.
② 공기압축 실린더가 있다.
③ 레바식과 중절식, 공기주입식이 있다.
④ 압축 공기(또는 가스)로 발사한다.   ■①

07 산탄공기총의 용도에 적당한 사례는?

① 멧돼지 포획   ② 멧비둘기 포획
③ 고라니 포획   ④ 오리 포획   ■②

핵심유형
02 엽총의 구조 *****

(1) 엽총의 구조 개요

① 엽총은 크게 총열과 기관부, 개머리판으로 구성된다.
② 총열은 산탄의 방향성, 도달거리, 패턴에 절대적 영향을 미친다.
③ 기관부는 총열을 지탱하고 격발 및 실탄장전 등을 수행하는 기계장치들로 구성되어 있다.
④ 개머리판은 사격자세를 지원하고 반동을 완화시켜주며 명중률을 높이는 역할을 한다.
⑤ 장약총의 성능기준(총의 성능기준 총포 · 도검 · 화약류 등의 안전관리에 관한 법률 시행규칙 별표 1)

총의 종류	탄알	유효사거리 (m 이내)	최대도달거리 (m 이하)
산탄총	18.3mm이하*	60	560
강선총	22호	100	1,600
	30호	300	2,000
	38호	300	4,000

(2) 구경(게이지)

① 엽총의 구경은 게이지(Gauge)로 표시되며, 총강의 내부지름이 기준이 되어 12, 20, 28등의 숫자가 부여된다.

② 일반적으로 구경은 라이플 총의 내경(guage)을 말하고, 번경은 엽총의 총강지름을 의미하는 용어이다.

③ 게이지는 총기가 출현한 초기부터 영국에서 관습적으로 이어온 일종의 중량표시법으로 1게이지는 1파운드(453.6g)의 납압을 둥글게 만들었을 때 그 직경의 크기이다.

④ 수렵용 엽총의 구경(게이지)은 주로 12게이지, 20, 28, 410게이지를 사용하며, 그중 12게이지를 가장 많이 선호 하고 있다.

| 게이지 단위 |

번경	12	20	28	410
구경(mm)	18.5	15.6	13.6	10.41

(3) 총열

① 총열의 길이는 약실 끝에서 총구 끝까지의 길이를 말한다.

② 총열의 종류
  ㉠ 일반 총열
    ⓐ 총열 내부에 강선이 새겨지지 않은 총열로 사냥에 많이 사용된다.
    ⓑ 조류부터 맹수류까지 다양하게 사용할 수 있는 가장 보편적인 총열이다.
    ⓒ 총열 끝 부분에 가늠쇠가 부착되어 있다.
  ㉡ 슬럭 총열
    ⓐ 총열 내부에 강선이 새겨지지 않은 틀(슬럭) 전용 총열이다.
    ⓑ 슬럭 총열은 총열의 앞과 뒤에 가늠쇠와 가늠자가 붙어 있으며 라이플 슬럭 총열은 사용할 수 없다.

③ 총열의 특징
  ㉠ 산탄의 방향성과 거리 및 패턴에 절대적 영향을 주는 엽총의 구조물로 총열이 길면 산탄을 멀리 보낼 수 있다.
  ㉡ 총열이 짧으면 넓은 패턴을 형성하고 길면 짧은 패턴을 형성한다.
  ㉢ 긴 총열은 짧은 총열보다 산탄을 멀리 보낸다.
  ㉣ 숲속에서는 짧은 총열을 사용하는 것이 긴 총열보다 실용적이다.

ⓜ 총열은 화약의 폭발 때문에 총열 하부는 두껍게 제작되며 총구 끝으로 갈수록 점점 얇아진다.

④ 예비총열

ⓐ 길이에 따라 사정거리가 다르다.

ⓑ 경찰서장의 허가를 받아야 한다.

⑷ 총열의 구조물

① <u>초크</u>(조리개)

ⓐ 총구 안에 끼워 엽총실탄의 <u>도달거리와 탄착군(퍼짐)의 크기를 조절</u>하는 장치이다.

ⓑ 발사효력을 높이기 위하여 산탄이 통과하는 끝 부분을 죄었다 풀어 주는 역할을 한다.

ⓒ 허가받지 않고 사용할 수 있으며, 목표물에 따라 교환할 수 있다.

ⓓ 엽총의 조리개는 고정식, 교환식, 자체조절식이 있으며, 총구의 앞부분에 부착하도록 설계되어 있다.

ⓜ <u>기능상 초크의 분류</u>

　ⓐ 풀 초크

　　• 총열구경을 가장 좁게 줄여주어 산탄의 비산폭 또는 상당히 조밀하다.

　　• 강력하게 멀리까지 나가서 <u>장거리 사격에 적합</u>하다.

　ⓑ 모디 초크

　　• 일반적인 게임의 사냥에 가장 다양하게 적용된다.

　　• 중거리 사격에 적합하다.

　ⓒ 실린더 초크

　　• 총열구경이 넓고 산탄의 비산폭 또한 상당히 넓다.

　　• <u>근거리 사격에 적합한 초크로 멧돼지 사냥에 쓰인다.</u>

② <u>리브</u>(rib)

ⓐ 총열상단에 부착된 사다리를 닮은 긴 편자로 총의 조준을 편리하게 해주나 총열을 부식시킬 수 있는 것이다.

ⓑ <u>반드시 부착할 필요는 없으며, 리브가 없는 것은 강선도 없다</u>(산탄총의 경우).

③ <u>걸쇠</u> : 총신과 개머리판을 연결한다.

④ <u>노리쇠</u> : 격침을 장전해 주는 역할을 하는 총기의 부품이다.

⑤ <u>가늠쇠</u> : 산탄엽총(shotgun)은 가늠쇠만 있는 것이 일반적이다.

(5) 기관부

① 총기를 작동하는 주요부분으로 격발장치가 내장되어 있다.

② 방아쇠 : 자동식, 반자동식, 단발식 총은 방아쇠가 하나이다.

③ 격발(격침)

　㉠ 볼트 액션 : 노리쇠에 붙은 손잡이를 손을 앞뒤로 밀거나 잡아당김, 사격경기용 소총

　㉡ 슬라이드 액션 : 총대 밑에 앞뒤로 운동하는 선대가 부착되어있어, 그것을 손으로 전후로 운동시킴

　㉢ 레버 액션 : 개머리판의 손잡이 부근 아래쪽에 지렛대가 있어서, 그것을 세우거나 제침으로써 장탄, 방출의 연속동작을 하는 방식)

④ 방아쇠 안전장치

　㉠ 방아쇠가 당겨지지 않도록 하는 장치이나, 격침장치에는 영향을 주지 못한다.

　㉡ 충격에 의한 발사는 강제적으로 막지 못한다.

　㉢ 수렵총기 해제 시 안전장치 위치 : <u>방아쇠 뭉치</u>

(6) 개머리판

① 개머리는 충격 흡수와 조준에 주요 역할을 한다.

② 개머리의 재질에 따라 반동이 다르다.

핵심유형 익히기

08 다음 엽총의 구조에 대한 설명으로 옳지 않은 것은?

① 개머리판은 사격자세를 지원하고 반동을 완화시켜주며 명중률을 높이는 역할을 한다.

② 엽총은 크게 총열과 기관부, 개머리판으로 구성된다.

③ 기관부는 격발 및 실탄 장전 등을 수행하는 보조 장치로 구성되었다.

④ 총열은 산탄의 방향성, 도달거리, 패턴에 절대적 영향을 미친다.　■③

09 다음 중 산탄의 방향성과 거리 및 패턴에 절대적 영향을 주는 엽총의 구조물은?

① 리브　　　　　　　　　② 총열

③ 가늠자　　　　　　　　④ 가늠쇠　　　　　　　　　■②

10 다음 중 엽총의 총열에 대한 설명으로 옳지 않은 것은?

① 펌프식 엽총은 탄창 덮개를 당겨 엽탄을 장전하고 뒤로 밀어 탄피를 배출시키는 단점이 있으나 견고하고 성능이 뛰어나며 값이 싼 장점이 있다.

② 상하쌍대는 아래 총열의 위치가 낮고 먼저 발사되므로 반동이 작고 재사격 시 조준이 빠른 장점이 있다.

③ 외대 엽총은 자동으로 장전되어 연속적으로 발사할 수 있어 오리 사냥에 유리하지만 잔고장과 약실 개방상태 확인이 어려워 안전사고율이 높은 단점이 있다.

④ 수평쌍태는 가볍고 휴대가 간편하지만 반동이 크고 정교한 기술이 필요하므로 제조가 어려운 단점이 있으나 무게 분산이 잘 이루어진다.　　　　　■①

11 다음 중 엽총실탄의 탄착군(퍼짐)의 크기를 조절하는 장치는?

① 리브　　　　　　　　　　② 총열
③ 가늠자　　　　　　　　　④ 초크　　　　　　　　　■④

12 다음 중 총포의 기능에 대한 설명으로 옳지 않은 것은?

① 엽총의 기관부에 초크(조리개)가 부착되어 있다.
② 기관부는 총기를 작동하는 주요부분이다.
③ 엽총은 개머리, 기관부, 총열로 구성되어 있다.
④ 개머리는 충격 흡수와 조준에 주요역할을 한다.　　　　　■①

13 다음 중 수렵총기 해제 시 안전장치 위치는?

① 약실 또는 총구　　　　　② 방아쇠 뭉치
③ 총집 지퍼　　　　　　　④ 노리쇠뭉치　　　　　■②

14 총기의 구조 중 초크에 대한 설명으로 옳은 것은?

① 조리개(초크)는 산탄의 패턴과 깊은 관계가 있다.
② 조리개(초크)는 총열의 외부에 장식하는 도구이다.
③ 조리개(초크)는 공기총에 끼우는 장치다.
④ 조리개(초크)는 산탄엽총에 적당하지 않은 도구이다.　　　　　■①

15 총의 조준을 편리하게 해주나 총열을 부식시킬 수 있는 것은?

① 리브　　　　　　　　　　② 총열
③ 가늠자　　　　　　　　　④ 초크　　　　　　　　　■①

16 다음 중 수렵총기의 반동을 완충시키는 역할을 하는 것은?

① 리브 ② 총열

③ 개머리판 ④ 덮개 ■③

17 다음 중 예비총열에 대한 설명으로 옳지 않은 것은?

① 수렵용으로 26내지 32인치를 사용한다.

② 길면 짧은 패턴을 형성한다.

③ 길이에 따라 사정거리가 다르다.

④ 경찰서장의 허가를 받아야 한다. ■①

03 엽총의 종류 *****

(1) 단발식 엽총

① 대부분 중절식으로 고장이 적으나 연속사격에 한계가 있어 사냥용으로는 선호하지 않는다.

② 단발엽총은 가볍고 튼튼하며 가격이 싸다.

(2) 반자동 엽총 2019년 출제

① 총열이 하나이고 아래에 여분의 탄창이 있다.

② 방아쇠를 당길 때, 약실에 있는 탄이 발사되고 탄피가 배출되며 아래 탄창에 있는 엽탄이 위로 올라와 자동으로 장전되어 연속적으로 발사할 수 있다.

③ 정기적으로 손질하지 않을 경우 고장률이 많아 번거로움이 따르며 총열이 하나이기 때문에 수평쌍대와 상하쌍대보다 기능이 떨어진다.

④ <u>반자동 3연발 엽총은 초크를 사용할 수 있어 기능이 다양하다.</u>

⑤ 종류 : 가스식, 스프링식, 관성작동식

(3) 펌프식(수동식) 엽총

① 펌프식, 홀치기식, 볼트식이라 불리는 엽총이다.

② 아래에 있는 탄창 덮개를 앞으로 밀어 엽탄을 장전하고 뒤로 당겨서 탄피를 배출시킨다.

③ 총열은 반자동엽총과 같이 하나이고 아래에 여분의 엽탄을 저장할 수 있는 탄창이 있다.

④ 견고하고 성능도 뛰어나며 값도 싸지만 발사 후 엽탄을 삽입해야 하기 때문에 손을 움직이는 단점이 있다.

⑷ 쌍대 엽총

① 쌍대 엽총 개요
　㉠ 총열인 2개인 쌍대총은 두 총신을 각각 이용할 수 있다.
　㉡ 총열의 배치형태에 따라 수평쌍대와 상하 쌍대로 구분한다.
　㉢ 모두 중절식으로 약실개방상태를 쉽게 확인할 수 있어 안정감을 주는 총이다.

② 상하쌍대 엽총의 특징
　㉠ 하나의 총열 위에 다른 하나의 총열이 있는 것이 상하쌍대이다.
　㉡ 상하쌍대는 아래 총열의 위치가 낮고 먼저 발사되므로 반동이 작고 재사격 시 조준이 빠른 장점이 있다.
　㉢ 상하쌍대 총열에도 초크를 사용할 수 있다.
　㉣ 2개의 총열 때문에 기능이 다양하다.
　㉤ 공기총에 비해 무거우나 공기총보다 고장이 적은 편이다.
　㉥ 수평쌍대에 비해 무거우며, 사격경기용으로도 사용한다.

③ 수평쌍대 엽총의 특징
　㉠ 상하쌍대에 비해 반동이 크나 가볍고 휴대가 간편하다.
　㉡ 수평쌍대는 정교한 기술이 필요하므로 제조가 어려운 단점이 있으나 무게 분산이 잘 이루어진다.
　㉢ 상하쌍대와 같이 총신을 꺾을 때 총구가 보이므로 안전성이 높은 것이 특징이다.

| 산탄 엽총의 종류 |

상하쌍대	수평쌍대	반자동 엽총
수동식 엽총	단발식 엽총	3열 엽총과 4열 엽총

핵심유형 익히기

18 다음 중 상하쌍대 엽총의 특징으로 옳지 않은 것은?
　① 수평쌍대에 비해 반동이 크다.
　② 수평쌍대에 비해 무겁다.
　③ 중절식이다.
　④ 사격경기용으로도 사용한다.
　　　　　　　　　　　　　　　　　　　　　　　　　　　　　　　■①

19 다음 중 상하쌍대 엽총에 대한 설명으로 옳은 것은?

① 공기총에 비해 무거우나 휴대하기 쉽고 조준이 용이하다.

② 외대 엽총보다 반동이 작으나 휴대가 불편하다.

③ 수평쌍대보다 가벼우나 고장률이 높다.

④ 단탄과 산탄 겸용으로 사용할 수 있다.　　　　　　　■①

20 다음 중 수평쌍대 엽총의 특징으로 옳은 것은?

① 홀치기식으로 움직이는 물체에 대한 사격이 용이하다.

② 엽탄이 자동으로 장전되어 연속사격이 가능하여 꿩 사냥에 유리하다.

③ 상하쌍대에 비해 무거우나 경기용으로 사용할 수 있는 장점이 있다.

④ 상하쌍대에 비해 반동이 크나 가볍고 휴대가 간편하다.　　■④

21 다음 중 엽총에 대한 설명으로 옳지 않은 것은?

① 리브가 없는 총열은 강선도 없다.

② 초크는 목표물 포착을 편하게 할 뿐만 아니라 적중률이 높다.

③ 움직이는 물체에 대한 사격 시 공기총보다 효과적으로 사용할 수 있다.

④ 조준을 편하게 하는 리브는 총열마다 부착되어 있는 것은 아니다.　■②

22 수렵용 엽총에 대한 설명으로 옳지 않은 것은?

① 일반적으로 가늠쇠만 부착되어 있다.

② 리브와 초크는 목표물 사격에 많은 영향을 준다.

③ 짧은 총열에 비해 긴 총열의 엽총은 다루기가 어렵다.

④ 상하쌍대 엽총에는 방아쇠를 2개 채용하고 있는 것도 있다.　■④

핵심유형
04 엽총 실탄(산탄) ★★★★★

(1) 엽탄의 특성

① 엽총에 사용되고 있는 실탄은 여러 개의 알맹이(정구형)로 구성된 산탄을 사용한다.

② 포획대상에 따라 알맹이의 크기를 다르게 적용하고 있는데 알맹이의 크기를 표시하는 호수, 실탄의 길이, 무게 등이 탄피에 표시되어 있다.

③ 산탄의 납알은 호수에 따라 최소 1.7mm~8.6mm까지의 크기를 갖고 있다.

④ 납 또는 철로 만든 작은 알맹이로 입자가 작을수록 명중률이 높다. ^{2019년 출제}

⑤ 번경에 맞는 엽탄만 사용하여야 하며, 입자의 크기에 따라 최대사거리가 다르다.

⑥ 납은 호흡기로 들어오거나 먹으면 혈류로 들어와 뼈 같은 몸의 여러 조직에 저장된다.
2019년 출제

⑦ 추진화약과 뇌관 등으로 구성되어 있으며, 번경에 맞는 엽탄만 사용하여야 한다.

⑧ 입자의 크기에 따라 최대사거리가 다른데 소립자는 탄착거리가 짧다.

(2) 엽탄의 종류

① 길이(전장) : 2 3/4인치 또는 3인치 또는 3 1/2인치

② 구경(번경)

   ㉠ 종류 : 4, 8, 10, 12, 14, 16, 20, 24, 28, 32, 410게이지

   ㉡ 산탄총 번경의 크기

| 그림 1 |　　　　| 그림 1 |

- 그림 1은 산탄총의 번경으로서 ( )안의 숫자는 밀리미터를 표시하는 것
- 그림 2는 라이플총의 4조 우선을 표시하는 것으로서 A는 좁은 지름(산모양), B는 넓은 지름 (골모양)임
- 총의 구경을 표시할 때 제조업소에 따라 좁은 지름으로 표시하는 경우와 넓은 지름으로 표시하는 경우가 있음

③ 호수(번호) : Slug ~ 9호

④ 산탄 탄알의 규격에 대한 기준 : 탄알의 지름, 탄알의 형태, 탄알의 수

(3) 장약총용 산탄탄알의 규격(시행규칙 [별표 2]) ★

① 법령상 엽탄의 납알 크기는 직경 18.3밀리미터(mm) 이하이어야 한다.

② 엽탄 알맹이는 2개 이상만 사용한다.

구분	표준직경 (탄알의 지름)	탄알의 수	탄알의 형태
장약총용	18.3mm 이하	2개 이상	원형

③ 약실의 길이와 다른 엽탄 사용에 따른 피해내용

　　㉠ 총구가 막혀 본인과 타인에게 피해를 줄 수 있다.

　　㉡ 탄착점이 다를 수 있다.

(4) 엽탄의 구조

① 탄피(케이스) 내부는 산탄과 산탄을 밀어내는 위드, 추진 화약, 뇌관 등으로 구성되어 있다.

② 뇌관의 충격으로 추진화약이 발화한다.

③ 뇌관과 추진제 화약은 그 성질이 다르다.

④ 추진화약이 폭발하면 고압가스가 발생한다.

　◉ 총포·도검·화약류 등의 안전관리에 관한 법률 시행규칙 제2조(총포의 구조 및 성능) : 탄알의 장전방법(삽탄식·탄창식 또는 회전식일 것)

(5) 사거리(제원)

① 유효사거리 : 총기를 이용하여 동물을 포획할 수 있는 거리로 산탄의 경우 보통 50~60m 정도이다. 2019년 출제

② 최대도달거리 : 탄환이 가장 멀리 비행하는 거리로 산탄의 경우 최고 560m 정도이다.

③ 12게이지 엽탄별 포획 조수 및 사거리

호수	포획조수	산탄크기 (mm)	산탄개수	유효사거리 (m)	최대도달 (m)
000 BK	멧돼지	9.1	8	70	750
00 BK	멧돼지	8.4	9	60	650
0 BK	멧돼지, 고라니	8.1	12	60	580
4 BK	고라니*	6.1	27	60	500
BB	고라니, 오리	4.5	50	50	360
2호	고라니, 오리*	3.75	90	50	300
4호	꿩	3.25	135	45	250
5호	꿩*, 멧토끼	3.0	170	45	240
7 1/2	비둘기*, 트랩사격	2.4	320	40	190

(6) 탄착점

① 패턴(Patten)

ㄱ 표적을 향해 발사했을 때 엽탄의 퍼지는 정도(산개 정도)를 말한다.

ㄴ 엽총의 패턴(Patten)에 영향을 미치는 총기의 부품은 초크(조리개)이다.

ㄷ 엽총의 패턴은 구경과 총열의 길이에 따라 달라질 수 있다.

ㄹ 엽총의 패턴은 바람의 영향을 많이 받는다.

② 탄도

ㄱ 총구로부터 나온 탄알은 공기의 저항과 중력 때문에 속도가 떨어지면서 포물선의 곡선을 그리게 되는데 공중을 나는 탄알의 중심이 그리는 선을 탄도라고 한다.

ㄴ 탄도는 속도가 점점 약해짐에 따라 급속히 떨어지게 된다.

(7) 실탄 양도 · 양수 및 안전관리

① 양도 · 양수 허가를 받지 않고 구입이 가능한 일일 엽탄의 수 : 100개 이하

② 일일 구입할 수 있는 엽탄의 양을 규정한 목적 : 공공의 안전 유지

③ 양도 · 양수 허가를 받지 않고 수렵용 실탄을 구입할 수 있는 곳 : 총포판매업소

④ 경찰서장의 허가를 받지 않고 화약류판매업자가 엽탄을 판매할 수 있는 대상 : 엽총소지 허가를 받은 자

⑤ 외부로부터 자극을 받아 엽탄이 폭발할 수 있는 요인 : 충격, 마찰, 고온

⑥ 불발 탄약에 대한 조치요령 : 타격 흔적이 미약한 경우에는 공이를 확인, 타격 흔적이 강한 경우에는 안전하게 별도 관리 후 경찰서에 반납 2019년 출제

핵심유형 익히기

23 다음 중 엽총의 번경을 밀리미터로 환산한 것으로 옳지 않은 것은?

① 410번경 - 10.8mm 　　② 12번경 - 18.5mm

③ 28번경 - 13.5mm 　　④ 20번경 - 16mm　　　　■③

24 엽총의 번경에 대한 설명으로 옳은 것은?

① 410번경은 상하쌍대용으로 제작되었다.

② 번경은 실탄의 유형별 중량을 기준으로 표기된다.

③ 공기총의 구경에서부터 시작되었다.

④ 총신 내경의 표시이다.　　　　　　　　　　　■④

25 엽탄과 패턴에 관한 설명으로 옳지 않은 것은?

① 패턴은 온도의 영향을 많이 받는다.
② 패턴은 총열의 길이에 따라 달라질 수 있다.
③ 패턴은 초크에 따라 달라질 수 있다.
④ 패턴은 바람의 영향을 많이 받는다.　　　　　　　　　　　■①

26 다음 중 엽탄을 잘못 선정하여 발생할 수 있는 사고 사례가 아닌 것은?

① 개머리판이 파손된다.
② 총기고장의 원인이 될 수 있다.
③ 사수가 상해를 입을 수도 있다.
④ 총열이 파열된다.　　　　　　　　　　　　　　　　　　■①

27 총포 유효사거리에 대한 설명으로 옳은 것은?

① 엽총과 마취총은 유효사거리가 같다.
② 엽총과 공기총은 유효사거리가 같다.
③ 실탄의 최대도달거리를 말한다.
④ 동물 포획이 실제적으로 가능한 거리를 말한다.　　　　　■④

03 수렵용 총기(공기총, 연지탄)/사격술

핵심유형
01 공기총의 구조와 종류 *****

(1) 공기총의 특성

① 엽총에 비해 가벼우나 조준이 어렵다.

② 압축공기 또는 가스식(이산화탄소 주입)으로 일정한 사격 후 공기를 넣어야 하는 불편함이 있다.

③ 엽총에 비해 구조가 매우 복잡해 고장률이 높다.

④ 레바식과 중절식, 공기주입식이 있다.

⑤ 공기압축 실린더(탱크)가 있다.

⑥ 구경표시는 밀리미터(mm)이다.

⑦ 사격전까지 항상 안전장치를 하여야 한다.

⑧ 산탄과 단탄 사용 총기로 분류한다.

⑨ 공기총은 수렵용과 사격용 및 유해조수구제용으로 분류한다.

⑩ 4.5mm, 5.0mm, 5.5mm와 산탄 공기총은 수렵용으로 사용할 수 있다.

⑪ 단탄 공기총에는 소음기를 부착할 수 없다.

(2) 공기총의 구조(총포 · 도검 · 화약류 등의 안전관리에 관한 법률 시행령 제3조)

① 공기총의 총신과 압축실 시린다는 이은 자리가 없고 1제곱센티미터당 180킬로그램이상의 압력에 견딜 수 있는 재질로 할 것

② 공기총의 압축실 시린다 전체의 체적은 500세제곱센티미터를 초과하지 아니할 것

③ 공기총의 전체 길이는 80센티미터 내지 120센티미터로 할 것

④ 제작하는 총마다 기관부의 왼쪽에는 제조회사와 총의 종류 및 구경을, 오른쪽에는 제조회사별 영문약어 2자와 제조연도 2자 및 제조순번에 따른 일련번호를 여섯자리의 숫자로 새겨 표시하고, 방아틀뭉치에는 제조회사 영문약어 2자와 제조연도 2자 및 제조순번에 따른 일련번호를 여섯자리의 숫자로 새겨서 표시할 것

⑤ 공기총의 구조는 겸용할 수 없는 단일형식의 구조로 할 것

⑥ 방아쇠를 당길 수 있는 힘이 1킬로그램이상으로 하고, 안전장치를 할 수 있는 구조로 제작할 것

⑦ 노리쇠 · 공이치기 · 방아쇠 · 단발자 · 안전장치의 재료는 한국산업규격(KS)D3752의 SM45C 이상의 재질을 사용할 것

(3) 공기총의 성능기준(총의 성능기준 총포 · 도검 · 화약류 등의 안전관리에 관한 법률 시행규칙 별표 1)

① 공기총의 성능기준

총의 종류	구 경	연지탄의 에너지	압축실 시린다 전체체적
단탄총	4.5mm	60J 이하	500cm^3 이하
	5.0mm	〃	〃
	5.5mm	〃	〃
산탄총	5.5~6.4mm	〃	〃

② 5.5mm 공기총* : 산탄은 사용할 수는 없고 단탄만 사용 가능, 라이플형, 강선이 있음, 반드시 수렵용으로만 사용이 가능

③ 6.4mm 공기총* : 가스식, 산탄용, 강선이 없고 고장률이 높음, 사격경기용으로는 부적합, 조준경을 부착할 수 없음

④ 탄환이 흩어져 탄착군을 형성하는 산탄용 공기총(5.5~6.4mm)은 빠르게 움직이는 짐승이나 작은 조류(참새나 꿩)을 포획하는데 유리하다. 참고로 횡단하는 철새를 포획하기 가장 좋은 수렵용 총기는 엽총이다. 2019년 출제

(4) 공기총의 종류

① 스프링 식

㉠ 용수철의 탄성을 이용하여 피스톤으로 하여금 실린더 내에 있는 공기를 밀어 내도록 해 실탄을 발사시킨다.

㉡ 비교적 명중률은 좋으나 장전에 불편이 크고 안전사고가 빈번하다.

② 펌프식

㉠ 총에 펌프를 부착시켜 압축시킨 공기로 실탄을 발사하는 구조이다.

㉡ 명중률이 좋아 사격 경기용으로 널리 보급되고 있으나 펌프질이 불편하여 수렵용으로 부적합하다.

③ 가스 & 압축공기식

　　㉠ 총에 압축 공기탱크 또는 이산화탄소 탱크를 장착하여 발사에너지로 사용하는 총이다.

　　㉡ 위력이 강하고 조작이 쉬워 수렵인들이 가장 선호한다.

　　㉢ 냉각점이 낮아 겨울철 수렵에는 적합하지 않다.

핵심유형 익히기

01 다음 중 공기총 구조에 대한 설명으로 옳지 않은 것은?

　① 단탄 공기총에는 소음기를 부착할 수 없다.

　② 총열, 기관부, 개머리로 구성되어 있다.

　③ 개머리판은 사격자세에 영향을 준다.

　④ 구조가 간단하여 잔고장이 없다.　　　　　　　　　■④

02 다음 중 단탄 공기총 구경과 연지탄 에너지가 올바른 것은?

　① 4.5mm, 60H 이하　　　　　② 5.5mm, 60J 이하

　③ 5.0mm, 50G 이하　　　　　④ 6.4mm, 60J 이하　　　■②

03 다음 중 5.5mm 공기총에 대한 형식으로 틀린 것은?

　① 레버식이 있다.　　　　　　② 라이플형이 있다.

　③ 강선이 있다.　　　　　　　④ 복합식이다.　　　　　■④

04 다음 중 6.4mm 공기총에 대한 설명으로 옳지 않은 것은?

　① 엽총에 비해 가벼우나 고장률이 높다.

　② 연지탄을 사용할 수 없고 산탄만 사용한다.

　③ 최대 5발까지 장전하여 사격할 수 있다.

　④ 총열에 강선이 없고 사격경기용으로는 부적합하다.　　■③

05 다음 중 허가 받지 않고 부착할 수 있는 총기의 부품으로 옳은 것은?

　① 5.5mm 공기총에 부착한 조준경

　② 총기의 성능을 강화하기 위하여 개조한 공기탱크

　③ 개조한 엽총 총열

　④ 공기총에 부착하는 소음기　　　　　　　　　　　　■①

02 공기총 실탄(연지탄) *****

(1) 공기총 실탄의 특성

① 특성

　㉠ 공기총 실탄은 납으로 만들어졌다고 연지탄이라 불린다.

　㉡ 연질의 납탄은 충격순간 자신이 찌그러지면서 충격이 완화되어 굴절된 유탄의 위험은 상대적으로 줄어든다.

　㉢ 연성이기 때문에 보관이 어렵고 무거운 중량으로 인하여 낙하탄(유탄)의 위험성은 매우 큰 편이다.

② 구경

　㉠ 공기총탄은 4.5mm, 5.0mm, 5.5mm구경 연지탄과 4.5mm, 6.4mm 산탄공기총에 사용할 수 있는 산탄이 있다.

　㉡ 공기총 연지탄(납알)의 규격(총포 · 도검 · 화약류 등의 안전관리법 시행규칙[별표 2])

명칭	중량	표준직경
연지탄 1호 5.5mm	1.7g이하	5.5±0.1 | ↔ | ▨ | ↔ | 5.7±0.1
연지탄 2호 5.0mm	1.5g이하	5.0±0.1 | ↔ | ▨ | ↔ | 5.2±01
연지탄 3호 4.5mm	1.3g이하	4.5±0.1 | ↔ | ▨ | ↔ | 4.7±0.1

　㉢ 엽탄 지름에 따른 수렵동물

2.4mm	3.0mm	3.75mm	6.0mm
멧비둘기	꿩	흰뺨검둥오리	고라니

③ 유효사거리와 최대도달사거리

    ㉠ 유효사거리 : 30m

    ㉡ 최대도달거리 : 250m

④ 법률상 공기총용 산탄탄알의 규격

구분	표준직경 (탄알의 지름)	탄알의 수	탄알의 형태
공기총용	2.9mm 이하	2개 이상	원형

(2) 연지탄의 종류 및 특징

① 워드커트형

    ㉠ 사격경기용으로 설계로 정확도가 높다.

    ㉡ 관통력이 낮아 탄흔이 크고 뚜렷한 앞머리가 평평하다.

② 포인티드형 : 앞머리가 뾰족하고 관통력이 크다.

③ 돔형 : 워드커터와 포인티드형의 중간정도의 특징이다.

④ 할로우 포인티드형 : 파괴력이 크며 강한 압력을 사용하는 공기총에 적합하다.

핵심유형 익히기

06 다음 중 공기총 규격 중 연지탄만 사용할 수 있는 총기는?

    ① 4.5mm 내지 6.0mm 공기총

    ② 4.5mm 내지 5.5mm 공기총

    ③ 5.0mm 내지 6.4mm 공기총

    ④ 4.5mm 내지 6.5mm 공기총　　　　　　　　　■②

07 가스식 공기총에 주입하는 가스로 옳은 것은?

    ① 산소　　　　　　　　　② 질소

    ③ 프로판가스　　　　　　④ 이산화탄소　　　　　■④

08 유효사거리가 가장 긴 총기를 고르면?

    ① 타정총　　　　　　　　② 공기총

    ③ 가스 발사총　　　　　④ 공기권총　　　　　　■②

03 사격술 ★★★★★

(1) 사격술의 필요성과 목측

① <u>사격술의 필요성</u> : 사람의 생명과 재산 보호, 피격동물의 고통 감소, 안전사고 방지

② <u>목측의 중요성</u>

    ㉠ 사냥에서 목측은 사격술만큼이나 중요하다.

    ㉡ 총에서 발사된 실탄은 중력을 받아 총구를 벗어나는 순간부터 낙하되므로 목표거리를 정확하게 파악해 편차를 계산한 후 사격(오조준)을 해야 하기 때문이다.

(2) 사격 순서와 사격술 용어

① <u>고정 표적 사격 순서</u> : 자세 → 호흡 → 조준 → 격발 → 추적

    ㉠ 자세 : 편하고 안전성 있는 자세를 취한다.

    ㉡ <u>호흡 : 호흡은 3분의 2를 내쉰 후 숨을 멈춘다. 사수는 어떤 형태의 사격을 하더라도 최대한으로 긴장을 풀어야 한다. 근육이 긴장되어 굳어지면 그 상태는 즉시 총에 전달돼 신경을 집중시킬 수 없다.</u> 2019년 출제

    ㉢ 조준

        ⓐ 고정표적의 경우 조준선 정열과 정조준을 한다.

        ⓑ 눈과 가늠쇠를 표적에 일치시킨다.

        ⓒ 눈의 초점을 가늠쇠에 두면 총의 동요 폭이 적게 느껴진다.

    ㉣ 격발

        ⓐ 엽총 방아쇠는 검지 손가락의 첫 마디에 걸친다.

        ⓑ 방아쇠는 직 후방으로 당겨 총구가 이동하지 않도록 하여야 한다.

        ⓒ 격발 시 적극적이되 균등한 압력을 증가시켜야 한다.

        ⓓ 공기총 방아쇠는 긴장을 풀고 편안한 자세로 1단 2단 당겨야 한다.

        ⓔ 이동표적 조준요령은 고정표적의 격발요령보다 사격에서 차지하는 비중이 크다.

    ㉤ 추적

        ⓐ 격발 후 조준점을 끝까지 지속시키는 단계를 말한다.

        ⓑ 실탄이 발사된 후에 조준상태를 유지함으로써 명중률을 향상시키고 명중시킨 사격감을 다음 발로 연결시켜 주는 것이다.

② <u>사격술 용어</u>

    ㉠ 조준점이란 조준선의 목표가 되는 지점이다.

    ㉡ 조준각이란 조준선과 사선 사이에 형성되는 각도이다.

ⓒ 조준선이란 눈과 가늠자, 가늠쇠를 통하여 조준점에 이르는 선이다.

③ **수렵용 총기 거총요령**

㉠ 거총은 개머리를 들어 어깨에 견착하는 동작이다.

㉡ 고무패드는 견착 시 저항을 받아 나무패드에 비해 불리하다.

㉢ 두꺼운 사냥복을 입을 경우 총을 전방으로 내민 후 견착한다.

㉣ 허리, 어깨, 뺨 등에 완벽한 견착 후 조준한다.

㉤ 이동표적에 대한 조준 시는 총기와 몸이 일체가 되도록 스윙 연습한다.

㉥ 짧은 개머리판은 신속한 거총 시 유리하다.

㉦ 이동표적에 대한 조준 시는 총기와 몸이 일체가 되도록 스윙 연습이 필요하다.

④ 사격에 영향을 미치는 요인이 가장 적은 바람 : 뒷바람

(3) 엽총 사격술(이동 표적)

① **이동표적에 대한 사격 순서** : 거총 → 리드조준점 → 스윙유지 → 격발 → 추적

② **리드 사격** : 이동표적의 최종 격발시 표적의 앞부분을 향해 격발하는 것으로 <u>움직이는 수류에 대한 올바른 사격 방법</u>이다.

③ **스윙** : 사격자세를 취한 다음 <u>총의 방향과 시선이 나는 조류를 향해 따라가다 사격하는 것</u>이다.

④ **엽총(shotgun)의 사격술** 2019년 출제

㉠ 엽총사격은 몸에 힘을 빼고 자연스럽게 스윙하여야 한다.

㉡ 엽총은 목표물이 가까이 있을 때보다 어느 정도 날아간 뒤에 사격해야 한다.

㉢ 눈의 초점은 가늠쇠보다 이동 중인 물체에 두어야 한다.

㉣ 체중이 발끝에 오도록 중심점을 약간 밀어 준다.

㉤ 입술이 개머리판에 살짝 닿을 정도로 견착하면 균형을 유지할 수 있다.

㉥ <u>몸통에 거총 상태를 고정하고 초점을 맞춘 표적을 주시하면서 조준한다.</u>

(4) 공기총 사격술

① 고정된 표적에 조준선 정열 후 정조준하여 사격한다.

② 단탄 공기총은 명중률을 높이기 위해 조준경을 부착한다.

③ 조준경을 부착하지 않은 총기는 가늠쇠에 초점을 두어야 한다.

④ 5.0mm 공기총 사격은 표적과의 거리를 예측하는 능력이 중요하다.

⑤ 5.0mm 공기총 사격은 시선을 가늠쇠에 둔다.

⑥ 5.0mm 공기총 사격은 방아쇠를 1단, 2단 당겨야 한다.

⑦ 1단과 2단으로 분리하여 방아쇠를 당긴다.

⑧ 사격 후 시선은 목표물을 지향한다.

(5) 사격의 실패 원인

① 사격 실패 원인 중 가장 비중이 높은 것 : 정조준(스윙 불량)

② 수렵총기의 일시 멈춤 현상을 극복하는 요령

    ㉠ 목표물에 대한 조준선정열의 고정관념을 버려야 한다.

    ㉡ 가늠쇠를 무시하고 목표물 초점에 집중하여야 한다.

    ㉢ 목표물에 대한 정조준의 고정관념을 버려야 한다.

(6) 사격 안전 수칙 2019년 출제

① 사전에 사격술을 배양한다.

② 동료 수렵인과는 안전거리를 유지한다.

③ 사격술의 기본자세를 항상 유지하여야 한다.

④ 민가 인근에서는 약실을 개방한다.

⑤ <u>인가 주변으로 나는 조류는 사격을 멈춘다.</u> 2019년 출제

⑥ 총기의 특성과 실탄의 성능을 이해한다.

⑦ <u>사격전에는 어떤 경우에도 총기를 수평으로 유지하여서는 안 된다.</u>

⑧ 총기를 휴대 중 왼손에 피로도가 쌓이게 하지 않게 하여야 한다.

⑨ 인지는 걸쇠 밑으로 향하게 해서는 안 되며 사격 직전까지 방아쇠에 인지를 걸어서도 안 된다.

⑩ <u>맞바람과 등바람이 사격에 미치는 영향은 극히 적지만 옆바람은 탄알을 크게 측방(옆쪽)으로 편이(한 방향으로 이동)시켜 근거리 사격에도 영향을 미치게 된다.</u> 2019년 출제

핵심유형 익히기

09 다음 중 고정표적에 대한 사격 순서로 옳은 것은?

    ① 조준 → 자세 → 호흡 → 격발 → 추적

    ② 자세 → 호흡 → 조준 → 격발 → 추적

    ③ 호흡 → 자세 → 조준 → 격발 → 추적

    ④ 추적 → 자세 → 호흡 → 조준 → 격발

                                                 ■②

10 사격술 중 호흡 및 사격자세에 대한 설명으로 옳지 않은 것은?

① 호흡은 3분의 2를 내쉰다.
② 내쉰 후 숨을 멈춘다.
③ 편하고 안전성 있는 자세를 취한다.
④ 근육이 수축된 상태에서 자세를 취한다.　　　　　■④

11 다음 중 사격 시 시선에 대한 설명 중 옳지 않은 것은?

① 이동표적의 경우 시선은 가늠자에 둔다.
② 양눈은 뜬 상태여야 한다.
③ 사격 전 반드시 전방을 관찰하여야 한다.
④ 고정표적의 경우 조준선 정열과 정조준을 한다.　　　■①

12 다음 중 비행중인 조류 사격 실패 원인으로 가장 비중이 높은 것은?

① 격발 불량　　　　　　　② 스윙 불량
③ 견착 불량　　　　　　　④ 조준 불량　　　　　■②

13 사격 안전수칙으로 옳지 않은 것은?

① 동료 수렵인과는 안전거리를 유지한다.
② 사전에 사격술을 배양한다.
③ 민가 인근에서는 약실을 개방한다.
④ 초보 엽사는 안전을 위해 가까이 둔다.　　　　　■④

14 다음 중 수렵총기의 격발 요령으로 옳지 않은 것은?

① 호흡은 3분의 1을 내쉰 후 멈추어야 한다.
② 위축사격과 급작사격을 하지 않는다.
③ 방아쇠의 압력 배분에 유의하여야 한다.
④ 최종 압력은 부드럽게 증가시켜야 한다.　　　　　■①

15 다음 중 사격술의 필요성에 대한 설명으로 옳지 않은 것은?

① 정신력에 비해 사격술이 우선되는 것으로 집중력이 매우 중요하다.
② 우수한 사격술은 피격동물의 고통을 감소시켜 주는 역할을 한다.
③ 자신감이 결여된 자는 수렵 중 사격 대상의 식별에 앞서 방아쇠부터 당긴다.
④ 사람의 생명과 재산에 직결되므로 사격술이 차지하는 비중이 매우 크다.　■①

16 다음 중 공기총 사격술에 대한 설명으로 옳지 않은 것은?

① 한쪽 눈은 감고 사격한다.
② 주로 고정표적에 사용한다.
③ 사격 후 시선은 목표물을 지향한다.
④ 1단과 2단으로 분리하여 방아쇠를 당긴다.　　　■①

17 엽총(shotgun)의 사격술에 대한 설명으로 틀린 것은?

① 이동표적을 쏠 때에는 리드사격을 하여야 한다.
② 엽총은 목표물이 가까이 있을 때보다 어느 정도 날아간 뒤에 사격해야 한다.
③ 물위 또는 전깃줄에 앉아있는 조류는 날린 후 사격한다.
④ 산탄이기 때문에 날아가는 조류에 정조준하여 사격한다.　　　■④

18 조준선에 대한 올바른 설명을 고르면?

① 목표물과 사선 사이에 이르는 각도
② 가늠자와 목표물에 이르는 선
③ 총열의 연장선
④ 눈과 가늠자, 가늠쇠를 통하여 조준점에 이르는 선　　　■④

19 다음 중 수렵장 내 행동요령으로 올바르지 않은 사격술은?

① 갑자기 출현한 수류는 지향사격을 하여야 한다.
② 사격술의 기본자세를 항상 유지하여야 한다.
③ 부부라도 함께 대동하여서는 안 된다.
④ 엽총으로 고정된 물체를 향해 사격하는 자세는 올바른 매너가 아니다.　　　■①

20 다음 중 수렵총기 중 엽총의 올바른 사격자세를 고르면?

① 골반뼈 위에 총을 든 팔꿈치를 의탁하여 안정적 자세를 취한다.
② 체중이 발끝에 오도록 중심점을 약간 밀어 주었다.
③ 목표물과 수평 방향 어깨넓이로 발을 벌린다.
④ 발 뒤쪽이 보일 정도로 허리를 숙이는 각도를 유지하였다.　　　■②

21 다음 중 수렵용 총기 거총요령으로 옳지 않은 것은?

① 플라스틱 패드는 고무패드 보다 저항을 많이 받는다.
② 짧은 개머리판은 신속한 거총 시 유리하다.
③ 고무패드는 견착 시 저항을 받아 나무패드에 비해 불리하다.
④ 두꺼운 사냥복을 입을 경우 총을 전방으로 내민 후 견착한다.　　■①

22 수렵총기의 일시 멈춤 현상을 극복하는 요령으로 옳지 않은 것은?

① 목표물에 대한 정조준의 고정관념을 버려야 한다.
② 가늠쇠를 무시하고 목표물 초점에 집중하여야 한다.
③ 목표물에 대한 조준선정열의 고정관념을 버려야 한다.
④ 목표물에 비해 가늠자와 가늠쇠에 집중하여야 한다.　　■④

04 수렵도구(제2종)

핵심유형 01 활(국궁, 양궁) ★★★

(1) 2종 수렵 도구 수렵

① 2종 수렵 도구 수렵시 필요 서류 : 야생동물 포획승인, 2종 수렵면허증

② 법령 위반 시 : 야생생물보호 및 관리에 관한 법률 위반 행위로 처벌

(2) 활사냥

① 활사냥의 기초

㉠ 활 : 나무 등을 휘어 양 끝에 시위를 걸고 그 시위를 이용한 탄성으로 목표물을 맞히는 수렵도구

㉡ 활의 출현시기와 종류

ⓐ 활이 우리나라에 출현한 시기 : 후기 구석기시대

ⓑ 세계 3종 활 : 단순궁, 강화궁, 합성궁 2019년 출제

㉢ 활의 사용법 숙지 목적 : 안전사고 예방, 생명과 재산 보호, 수렵에 관한 규정 준수 2019년 출제

㉣ 활 사냥에 필요한 기본 장비 : 활, 화살, 각지

㉤ 활사냥 시 가장 중요한 것 : 목측거리

② 수렵용 활의 선택 요령

㉠ 활이 화살을 날리는 힘은 활의 몸체가 펴지는 힘, 안쪽에서 밀어주는 뿔의 힘, 바깥에서 당기는 힘줄의 힘이다.

㉡ 활을 쏘았을 때 화살은 보통 200 ~ 300m 이상을 날아간다.

㉢ 활의 관통력은 30m이내에서 1mm 정도 두께의 철판을 뚫을 수 있다.

㉣ 화살의 비행속도는 시속 200km 정도이다.

㉤ 활을 사용하는 사람의 체격에 적당한 활을 사용한다.

㉥ 화살의 길이는 궁사의 팔 길이와 일치하는 것을 고른다. 2019년 출제

③ **활사냥 방법**

㉠ 발사 시에는 신체의 흔들림 없이 중심을 유지하여야 한다.

㉡ 발 디딤에서 잔신까지 물 흐르듯 이어지는 동작을 취해야 한다.

㉢ 움직이는 수류를 발견하면 사격을 중지하고 멈출 때까지 기다린 후 사격한다. ^{2019년 출제}

㉣ 주변 환경과 어울리지 않아도 주황색 조끼 등을 입어야 한다.

㉤ 활쏘기의 기본자세를 항상 유지하여야 한다.

㉥ 수렵 동물 가까이 접근하는 방법이 중요하다.

④ **활사냥 요령**

㉠ 본인의 뜻대로 활을 개조하거나 구조변경을 하지 않는다.

㉡ 활에 전기장치(액티베이터 등)나 망원조준경를 부착할 수 없다. ^{2019년 출제}

㉢ 의심스런 동물 발견 시에는 도망가더라도 확인 시까지 기다려야 한다. ^{2019년 출제}

㉣ 엽총처럼 리드사격은 안전사고의 위험이 있어 고정사격만 한다.

㉤ 장전되지 않은 상태에서도 사람을 향해 조준하여서는 안 된다.

㉥ 화살을 대지 않고 활을 당기거나 또는 활시위를 튕겨서는 안 된다.

㉦ 차량이나 수렵장 이동 중에는 활과 화살을 장전해서는 안 된다.

㉧ 화살은 안전한 캐비닛 등에 보관하여야 한다.

㉨ 음주 후 불안정한 상태에서의 수렵행위는 금한다.

㉩ 안전사고의 후속조치를 위하여 많은 사람이 함께 사냥하지 않는다.

㉪ 절대로 사람이 있는 방향이나 의심가는 방향에 화살을 향하는 것은 금지 된다. ^{2019년 출제}

(3) 국궁

① **국궁의 기초**

㉠ 활의 종류 : 몽고형(우리나라 전통 활), 지중해형, 해양형

㉡ 국궁 제작에 쓰이는 6가지 재료 : 물소뿔, 소의 힘줄, 뽕나무, 민어부레풀, 실, 옻칠

㉢ 궁도(弓道)

   ⓐ 仁(인) : 새끼를 밴 짐승과 어린새끼, 새끼가 달린 짐승을 포획하여서는 안 된다는 수렵인의 마음 자세

   ⓑ 義(의) : 사리사욕을 떠나 옳은 일에만 사용하여야 한다는 수렵인의 마음 자세

   ⓒ 藝(예) : 활을 다룸에 있어 연마한 좋은 기술과 재주가 수반되어야 한다는 수렵인의 마음 자세

   ⓓ 志(지) : 끊임없는 인내와 노력으로 실력을 향상시켜야 한다는 수렵인의 마음 자세

② **국궁 사용 8단계** : 발 디딤 → 몸가짐 → 살 먹이기 → 들어올리기 → 밀며 당기기 → 만작 → 발사 → 잔신 ^{2019년 출제}

- ㉠ 발 디딤
    - ⓐ 발 디딤은 활쏘기의 기본동작으로 끝까지 유지하여야 한다.
    - ⓑ 활을 쏠 때 최초의 자세로 오른발은 2/3 정도 뒤로 끌어 어깨 넓이만큼 벌려 서는 자세이다.
    - ⓒ 왼발은 과녁 왼쪽 끝을 향하게 딛어야 한다.
    - ⓓ 체중은 양발에 고루 실리게 하여 안정된 자세를 유지한다.
    - ⓔ 발끝의 각도는 20~60도를 유지하게 한다.
- ㉡ 몸가짐 : 허리를 곧게 펴고 온몸의 중심을 허리 중앙에 두며 기력을 단전에 모으는 자세이다.
- ㉢ 살 먹이기 : 각지 손을 현에 걸어 쥐는 동작이다.
- ㉣ 밀며 당기기 : 들어 올린 활을 앞뒤로 밀며 당겨서 만작에 이르기까지 동작이다.
- ㉤ 만작
    - ⓐ 밀고 당기기의 연속으로 몸과 마음 그리고 궁시가 혼연일체가 되어 활을 밀어 당기며 발사의 기회를 만들어 내는 것이다.
    - ⓑ 만작의 시간은 4~6초이다.
- ㉥ 발사 : 활을 쏘는 최후의 동작이다.
- ㉦ 잔신 : 발사를 함으로서 형성되는 자세로 활을 잘 쏘았는지 여부를 결산하는 단계이다.

③ **국궁의 사용법**
- ㉠ 국궁 각부의 명칭을 숙지하고 사용방법을 이해하여야 한다.
- ㉡ 자세와 동작은 처음부터 끝까지 유지되어야 한다.
- ㉢ 활쏘기의 극치인 만작 시에는 몸과 마음 그리고 궁시가 혼연일체 되어야 한다.
- ㉣ 화살을 먹여 들어 올릴 때 두 어깨는 올라가지 않아야 한다.
- ㉤ 활사냥은 안전사고 예방과 후속조치를 위해 2인 1조의 수렵을 권장한다.

(4) 양궁의 사용법

① **스탠스(Stance)** : 양발을 어깨보다 약간 넓게 벌린 후 체중을 양발에 고루 싣고 양발 끝이 표적의 중심선에 일직선이 되도록 한다.

② **세트** : 허리를 고정시키고 좌우의 어깨를 내리며 몸의 중심을 허리 중앙에 둔다.

③ **노킹(Nocking)** : 화살을 뽑아 항상 현의 일정한 위치에 얹는다.

④ **그립** : 미는 지점을 일정하게 정하여 언제나 같은 지점을 민다.

⑤ **세트업** : 얼굴의 방향을 확인하고 화살을 거의 수평으로, 양 어깨는 내리고 양팔을 올린 후 화살 끝을 표적에 향한다.

⑥ 드로우닝 : 활을 균등하게 당기는 동작이다.

⑦ 풀 드로우 : 당긴 손을 고정시켜 표적을 향해 미는 것과 당기는 것의 균형을 맞추는 것이다.

⑧ 앵커링 : 당기는 손을 턱 또는 불에 대어 일정한 지점에 오늬의 위치를 고정시키는 것이다.

⑨ 에이밍 : 표적의 중심에 초점을 맞추는 동작이다.

⑩ 사이트 슈팅 : 조준기 중심에 있는 점을 표적의 중심점에 맞추는 과정이다.

⑪ 릴리즈(Release) : 화살을 발사하는 동작으로 턱 아래의 선을 따라 귀 아래까지가 효과적이다.

핵심유형 익히기

01 다음 중 2종 수렵도구 중 활에 대한 설명으로 옳은 것은?

① 나무 등을 휘어 양 끝에 시위를 걸고 그 시위를 이용한 탄성으로 목표물을 맞히는 것

② 국내에서는 현재 국궁, 양궁, 석궁, 각궁, 단순궁을 사용하고 있다.

③ 초기에는 갈대를 묶어 시위를 걸고 당기는 방법으로 목표물을 맞혔음.

④ 탄성이 좋은 상아 뼈를 휘어 양 끝에 시위를 걸고 시위를 당겨 그 압력을 이용하여 목표물을 맞히는 것 ■①

02 다음 중 수렵도구 중 활의 사용법 숙지 목적으로 옳지 않은 것은?

① 수렵에 관한 규정 준수 ② 유해야생동물의 퇴치

③ 생명과 재산 보호 ④ 안전사고 예방 ■②

03 다음 중 국궁 사용 시 8단계에 포함되지 않은 동작은?

① 발사와 잔신 ② 살 먹이기와 밀며 당기기

③ 만작과 몸가짐 ④ 발 축과 들고 내리기 ■④

04 다음 중 우리나라 전통 활인 수렵용 국궁 제작에 쓰이는 6가지 재료로 틀린 것은?

① 대나무, 물푸레나무 ② 뽕나무, 민어부레풀

③ 실, 옻칠 ④ 물소뿔, 소의 힘줄 ■①

5 국궁 사용 시 자세와 동작을 8단계로 구분할 경우 8단계에 포함되지 않은 동작은?

① 발사와 잔신　　　　　　　　　② 살 먹이기와 밀며 당기기

③ 만작과 몸가짐　　　　　　　　④ 발 축과 들고 내리기　　　■④

6 국궁 사용 시 자세와 동작을 8단계로 구분할 경우 8단계의 올바른 순서는?

① 잔신 → 발 디딤 → 몸가짐 → 살 먹이기 → 들어올리기 → 밀며 당기기 → 만작 → 발사

② 발 디딤 → 잔신 → 살 먹이기 → 들어올리기 → 밀며 당기기 → 만작 → 발사 → 몸가짐

③ 발 디딤 → 몸가짐 → 살 먹이기 → 밀며 당기기 → 들어올리기 → 만작 → 발사 → 잔신

④ 발 디딤 → 몸가짐 → 살 먹이기 → 들어올리기 → 밀며 당기기 → 만작 → 발사 → 잔신

■④

7 다음 중 사리사욕을 떠나 옳은 일에만 사용하여야 한다는 수렵인의 마음 자세를 가리키는 윤리 규범을 고르면?

① 仁(인)　　　　　　　　　　　② 義(의)

③ 志(지)　　　　　　　　　　　④ 藝(예)　　　　　　　　　■②

8 다음 중 국궁 사용 시 발 디딤의 기본자세에 대한 설명으로 옳지 않은 것은?

① 체중을 허리에 두고 몸 중심을 양발에 고루 실어 안정을 유지하여야 한다.

② 발끝의 각도는 20~60도를 유지하게 한다.

③ 다리는 어깨넓이 만큼 벌리고 왼발은 과녁을 향하게 하여야 한다.

④ 발 디딤은 활쏘기의 기본동작으로 끝까지 유지하여야 한다.　　■①

9 국궁의 살 먹이기의 동작으로 옳은 것은?

① 몸의 중심을 허리 중앙에 두고 활을 든 양손을 머리 위로 들어 올리는 동작

② 각지 손을 현에 걸어 쥐는 동작

③ 들어 올린 활을 만작에 이르기까지 밀며 당기는 동작

④ 줌팔이 좌우로 흐트러짐이 없는 동작　　　　　　　　　■②

10 국궁의 올바른 들어올리기 자세로 옳지 않은 것은?

① 두 손과 발은 유연하면서도 부드러운 자세

② 활과 화살을 먹여 쥔 상태에서 두 어깨는 올라가지 않는 자세

③ 활과 화살을 먹여 쥔 좌우 양쪽 손을 머리 위로 들어 올린 자세

④ 체중을 양발에 고루 실리게 하는 등 안정된 자세　　　　■④

11 다음 중 수렵용 활의 선택 요령으로 옳지 않은 것은?

① 화살의 길이는 궁사의 팔 길이와 일치된 것을 고른다.
② 활을 사용하는 사람의 체격에 적당한 활을 사용한다.
③ 만작 시 4~5초를 유지할 수 있는 등 체력에 적정한 활을 선택하여야 한다.
④ 화살의 중량은 궁사의 체력 및 활의 탄성과 일치된 것을 고른다. ■④

12 다음 중 활사냥 시 수렵인이 반드시 지켜야할 안전수칙으로 옳은 것은?

① 움직이는 동물을 발견하고 수렵을 중지하였다.
② 장전하지 않는 상태에서 재미삼아 활시위를 당겼다.
③ 수렵장에서 신속한 포획을 위해 장전한 채 이동하였다.
④ 유효사거리 내에서 나는 조류를 향해 발사를 하였다. ■①

13 다음 중 수류에 대한 활사냥 방법으로 옳은 것은?

① 움직이는 수류를 발견하면 사격을 중지하고 멈출 때까지 기다린 후 사격한다.
② 가까운 거리는 화살의 손실을 방지하기 위해 화살 끝에 안전선을 묶고 사격한다.
③ 목 배치 후 몰이꾼이 몰고 온 수류를 향해 사격한다.
④ 여러 마리가 움직일 때에는 리더 동물을 향해 사격한 후 다음 동물을 포획한다. ■①

14 다음 중 활사냥 시 가장 중요한 요소는?

① 유효사거리　　　　　　② 수렵 동물 분포도
③ 최대사거리　　　　　　④ 목측거리 ■④

15 양궁 사용에 대한 설명으로 옳지 않은 것은?

① 활을 당길 때는(Drawing) 빠르게, 당기는 팔을 더 세게 당긴다.
② 릴리즈(Release)는 턱 아래의 선을 따라 귀 아래까지가 효과적이다.
③ 스탠스(Stance)는 양발의 넓이가 어깨보다 약간 넓은 것이 좋다.
④ 화살은 항상 현의 일정한 위치에 노킹(Nocking)해야 한다. ■①

핵심유형

02 새그물/석궁 ★★

(1) 새그물(2종 수렵면허)

① 그물을 설치하기 가장 좋은 시간 : 야생동물의 움직임이 없는 일출 후 시간

② 그물 설치 방법 2019년 출제

　㉠ 설치 장소 주변의 낙엽은 제거 한다.

　㉡ 그물 양쪽 끝의 고리는 아래쪽부터 끼운다.

　㉢ 주변 나뭇가지에 걸리지 않도록 펼친다.

　㉣ 양쪽 고리는 30~50cm 간격으로 펼쳐 그물주머니를 만든다.

　㉤ 그물 설치가 끝나면 그물주머니는 한쪽방향이 되도록 한다.

　㉥ 그물에 걸린 참새는 날개 → 다리 → 머리순으로 꺼내야 한다.

③ 그물 설치 시 주의사항 2019년 출제

　㉠ 조류는 참새만 포획(꿩의 경우 방사)하여야 한다.

　㉡ 매시간 점검을 하여 다른 동물 포획여부를 확인하여야 한다.

　㉢ 그물은 일출 후 설치하고 설치한 그물은 일몰 전에 반드시 거두어야 한다.

　㉣ 비, 눈 등 기상변화 있을 때에는 그물을 즉시 걷어야 한다.

　㉤ 2인 1조로 설치하고, 1시간에 1회 점검을 하여야 한다.

　㉥ 그물 설치 시간은 총기 사용시간과 같다.

　㉦ 야생동물이 이동하는 통로에는 설치하지 않아야 한다.

　㉧ 참새가 많이 모인 전기 줄에 설치해서는 안 된다.

(2) 석궁

① 석궁사냥(2종 수렵면허증)

　㉠ 기본근력과 기초체력을 길러야 한다.

　㉡ 총기와 마찬가지로 허가권자가 지정하는 장소에 석궁을 보관하여야 한다.

　㉢ 총기와 동일한 방법으로 경찰서장의 소지허가를 받아야만 사용할 수 있다.

　㉣ 비, 눈, 강풍 시에는 수렵을 중지하여야 한다.

　㉤ 야생동물의 생태와 엽장지의 수렵동물 분포도를 숙지하여야 한다.

　㉥ 소지허가를 받은 경우라도 조준경을 부착하여 사용할 수 없다.

② 석궁사냥의 안전수칙

　㉠ 고정표적 사격용으로 이동표적에 대한 사격은 할 수 없다.

　㉡ 수렵인의 안전 등을 고려하여 2인 1조의 수렵을 하여야 한다.

ⓒ 야간에는 반드시 경찰관서에 보관하여야 한다.

ⓔ 목표물을 확인 후 장전하고 사격하여야 한다.

ⓜ 경찰서장이 발하는 명령과 지시에 따라야 한다.

ⓗ 스트레스 또는 불안정한 상태에서는 수렵을 중지한다.

핵심유형 익히기

16 2종 수렵도구 소지자가 지켜야할 규정으로 옳지 않은 것은?

① 꿩그물은 수렵장에만 설치하여야 한다.

② 수렵면허를 받아야 한다.

③ 일몰 후에는 수렵을 할 수 없다.

④ 유해조수구제 허가를 받을 수 있다.　　　　■①

17 그물 설치 시 주의사항으로 옳지 않은 것은?

① 일출 후에 설치하고 일몰 전에 거둔다.

② 수류는 너구리까지만 포획한다.

③ 비나 눈이 내리면 그물을 걷어야 한다.

④ 장시간 사용한 그물은 햇볕에 펼쳐 말려야 한다.　　　　■②

18 다음 중 그물에 걸린 참새를 꺼내는 올바른 방법은?

① 머리를 가장 먼저 꺼내야 한다.

② 날개부터 꺼내야 한다.

③ 다리부터 꺼내야 한다.

④ 새가 걸려있는 역방향에서 꺼낸다.　　　　■②

19 다음 중 새그물의 사용법으로 옳지 않은 것은?

① 일출 후 설치한다.

② 낚시대 등 탄력 있는 기둥을 세우고 목끈으로 그물을 펴지게 한다.

③ 2인 1조로 한사람이 그물을 잡고 있는 동안 풀어나간다.

④ 해질 무렵에 설치 후 다음날 아침에 점검한다.　　　　■④

20 석궁사냥에 대한 설명으로 옳지 않은 것을 고르며?

① 숲속에서 잠복해서 뛰어가는 동물을 쏘아 포획한다.
② 기본근력과 기초체력을 길러야 한다.
③ 19:00까지 허가권자가 지정하는 장소에 보관하여야 한다.
④ 새끼 밴 야생동물과 어린 야생동물을 잡지 않아야 한다. ▪①

21 석궁사냥의 안전수칙에 대한 설명으로 옳지 않은 것은?

① 야간에는 반드시 경찰관서에 보관하여야 한다.
② 수렵인의 안전 등을 고려하여 2인 1조의 수렵을 하여야 한다.
③ 고정표적 사격용으로 이동표적에 대한 사격은 할 수 없다.
④ 소지허가를 받은 경우 조준경을 부착하여 사용할 수 있다. ▪④

22 다음 중 석궁으로 수렵 조수를 포획하려는 경우 잘못된 것은?

① 수렵 동물 중 고라니와 꿩만 포획이 가능하다.
② 총기와 동일한 방법으로 경찰서장의 소지허가를 받아야만 사용할 수 있다.
③ 2종 수렵면허증을 소지하여야 한다.
④ 비, 눈, 강풍 시에는 수렵을 중지하여야 한다. ▪①

23 2종 수렵면허에 해당되는 수렵도구로만 짝지어진 것을 고르면?

① 활 – 석궁 – 그물   ② 창 – 올무 – 공기총
③ 석궁 – 엽총 – 창애   ④ 포획틀 – 도검 – 함정 ▪①

수·렵·면·허 기출 유형별 핵심 총정리

04

안전사고의 예방 및
응급조치

01 총포 · 도검 · 화약류 등의 안전관리에 관한 법률

01 총포의 보관 ★★★★

(1) 총포 · 도검 · 화약류 등의 안전관리에 관한 법률 제14조의2(총포의 보관) 2019년 출제

① <u>총포의 소지허가를 받은 자는 총포와 그 실탄 또는 공포탄을 허가관청이 지정하는 곳에 보관하여야 한다.</u> 2019년 출제

② 총포의 소지허가를 받은 자는 <u>총포를 허가받은 용도에 사용하기 위한 경우 또는 정당한 사유가 있는 경우 허가관청에 보관해제를 신청하여야 한다.</u> 이 경우 총포의 보관해제 기간 동안 총포 또는 총포소지자의 위치정보를 확인할 수 있도록 <u>위치정보수집 동의서를 함께 제출하여야 한다.</u>

③ 허가관청은 보관해제 신청이 적합하지 않거나 위치정보수집에 동의하지 않은 경우와 그 밖에 공공의 안전유지를 위하여 필요하다고 인정될 경우 총포의 보관을 해제하지 않을 수 있다.

④ 보관대상이 되는 총포와 그 실탄 또는 공포탄, 보관 기간 및 장소, 보관 및 보관해제의 절차, 위치정보수집 등에 관하여 필요한 사항은 대통령령으로 정한다.

(2) 총포 · 도검 · 화약류 등의 안전관리에 관한 법률 시행령 제14조의4(총포 등의 보관 등)

① 총포의 소지허가를 받은 자는 허가관청이 지정한 장소에 그 총포와 실탄 또는 공포탄을 보관하여야 한다. 이 경우 허가관청은 행정안전부령으로 정하는 보관증명서를 작성하여 총포의 소지허가를 받은 자에게 발급하여야 한다.

② 총포와 그 실탄 또는 공포탄을 보관한 총포소지자는 다음 경우에만 그 보관을 해제하고 총포와 그 실탄 또는 공포탄을 반환받을 수 있다.

　㉠ 총포를 허가받은 용도로 사용하는 경우

　㉡ 총포를 수리 또는 매매하는 경우

　㉢ 그 밖에 허가관청이 인정하는 정당한 사유가 있는 경우

③ 보관 중인 총포와 그 실탄 또는 공포탄을 반환받으려는 총포소지자는 행정안전부령으로 정하는 보관해제 신청서에 다음 서류를 첨부하여 허가관청에 제출하여야 한다.

ⓞ 반환받으려는 사유 및 이를 증명하는 서류

ⓛ 제ⓞ항 단서에 따른 보관증명서

ⓒ 행정안전부령으로 정하는 <u>위치정보수집 동의서</u>

핵심유형 익히기

01 다음 중 보관해제 된 수렵용 총기를 경찰관서에 보관해야 하는 시간은?

① 20:00 ~ 09:00   ② 20:00 ~ 07:00

③ 19:00 ~ 08:00   ④ 19:00 ~ 07:00   ■④

02 다음 중 수렵을 나갔다가 날이 저물어 숙박업소에 투숙하게 될 경우 총기 처리 방법은?

① 숙박업소 캐비넷에 보관의뢰

② 경찰서에서 지정하는 지구대에 보관

③ 차량 트렁크에 안전하게 보관

④ 투숙한 방에 안전하게 보관   ■②

03 다음 수렵인이 소지하는 수렵수첩에 반드시 기재하고 경찰관서의 확인을 받아야 하는 사항으로 옳지 않은 것은?

① 총기 입·출고 시간   ② 동행인의 성명

③ 실탄 사용내역   ④ 수렵장소   ■②

04 다음 중 수렵총기로 인한 사고 방지를 위하여 새로 도입된 제도를 고르면?

① 총기 본인 휴대   ② 위치정보 수집

③ 재보관 명령   ④ 수렵면허 제도   ■②

핵심유형

02 총포 소지허가의 갱신/휴대 · 운반 · 사용 및 개조 등의 제한 ★★★★★

(1) 총포 · 도검 · 화약류 등의 안전관리에 관한 법률 제16조(총포 소지허가의 갱신)

① 총포의 소지허가를 받은 자는 <u>허가를 받은 날부터 3년마다 이를 갱신하여야 한다.</u> ^{2019년 출제}

② <u>총포 소지허가의 갱신을 받으려는 경우에는 신청인의 정신질환 또는 성격장애 등을 확인할 수 있도록 행정안전부령으로 정하는 서류를 허가관청에 제출하여야 한다.</u> ^{2019년 출제}

③ 허가 갱신의 절차와 그 밖에 필요한 사항은 행정안전부령으로 정한다.

(2) 총포 · 도검 · 화약류 등의 안전관리에 관한 법률 제17조(총포 · 도검 · 분사기 · 전자충격기 · 석궁의 휴대 · 운반 · 사용 및 개조 등의 제한)

① 관련법에 따라 총포 · 도검 · 분사기 · 전자충격기 · 석궁의 소지허가를 받은 자는 허가 받은 용도에 사용하기 위한 경우와 그 밖에 정당한 사유가 있는 경우 외에는 그 총포 (총포의 실탄 또는 공포탄을 포함) · 도검 · 분사기 · 전자충격기 · 석궁을 지니거나 운 반하여서는 아니 된다. 2019년 출제

② 관련법에 따라 총포 · 도검 · 분사기 · 전자충격기 · 석궁의 소지허가를 받은 자는 허가 받은 용도나 그 밖에 정당한 사유가 있는 경우 외에는 그 총포 · 도검 · 분사기 · 전자 충격기 · 석궁을 사용하여서는 아니 된다. 2019년 출제

③ 관련법에 따라 총포의 소지허가를 받은 자는 그 총포를 총집에 넣거나 포장하여 보 관 · 휴대 또는 운반하여야 하며, 보관 · 휴대 또는 운반 시 그 총포에 실탄이나 공포탄 을 장전하여서는 아니 된다. 2019년 출제

④ 관련법에 따라 총포의 소지허가를 받은 자는 총포의 성능을 변경하기 위하여 그 총포 를 임의로 개조하여서는 아니 된다.
  ◉ 취급 금지 예외(법 제19조) : 18세 미만인 자. 다만, 대한체육회장이나 특별시 · 광 역시 · 특별자치시 · 도 또는 특별자치도의 체육회장이 추천한 선수 또는 후보자가 사격경기용 총포나 석궁을 소지하는 경우는 제외한다.

핵심유형 익히기

5 다음 중 수렵총기 운반 시 경찰관서에서 안전사고 방지를 위해 잠금장치를 채운 경우에 대한 설명으로 옳은 것은?

① 필요할 경우 해제했다가 다시 채워도 된다.
② 개인소지 총기이므로 제한받지 않는다.
③ 안전사고만 안 나게 한다면 해제해도 무방하다.
④ 관련법에 의한 조치로서 임의로 해제하여서는 안된다.   ■④

핵심유형
03 양도 · 양수 등의 제한/발견 · 습득의 신고 ★★★★

(1) 총포 · 도검 · 화약류 등의 안전관리에 관한 법률 제21조(양도 · 양수 등의 제한)

① 총포 · 도검 · 분사기 · 전자충격기 · 석궁의 제조업자, 판매업자, 임대업자, 수입허가를 받은 자 및 소지허가를 받은 자는 총포 · 도검 · 분사기 · 전자충격기 · 석궁의 제조업

자, 판매업자, 수출허가를 받은 자 및 소지허가를 받은 자 외의 자에게 총포·도검·분사기·전자충격기·석궁을 양도하여서는 아니 되며, 이들로부터 총포·도검·분사기·전자충격기·석궁을 양수하여서도 아니 된다. 다만, 총포·도검·분사기·전자충격기·석궁의 제조업 또는 판매업을 양도·양수하는 경우에는 그러하지 아니하다.

② 총포·도검·분사기·전자충격기·석궁의 제조업자, 판매업자, 수출입허가를 받은 자 및 소지허가를 받은 자는 총포·도검·분사기·전자충격기·석궁을 <u>다른 자에게 빌려 주어서는 아니 되며, 다른 자로부터 그것을 빌려서도 아니 된다.</u>

(2) 총포·도검·화약류 등의 안전관리에 관한 법률 제23조(발견·습득의 신고 등)

① 누구든지 유실·매몰 또는 정당하게 관리되고 있지 아니하는 총포·도검·화약류·분사기·전자충격기·석궁이라고 인정되는 물건을 발견하거나 습득하였을 때에는 <u>24시간 이내에 가까운 경찰관서에 신고하여야 한다.</u> _{2019년 출제}

② 국가경찰공무원(의무경찰을 포함)의 지시 없이 이를 만지거나 옮기거나 두들기거나 해체하여서는 아니 된다.

핵심유형 익히기

6 다음 중 총기의 양도·양수에 관한 설명으로 옳은 것은?

① 지방별로 관련 규정이 모두 상이할 수가 있다.
② 허가 없이 양도·양수하거나 빌려주거나 빌리는 행위 모두 금지된다.
③ 허가 없이 양도·양수는 안되나 빌려주는 것은 가능하다.
④ 양도는 허가 없이 가능하나 빌려주는 것은 안 된다.　　　　　■②

핵심유형
04 허가없이 판매할 수 있는 실탄·공포탄의 수량/안전교육/행정처분 ★

(1) 총포·도검·화약류 등의 안전관리에 관한 법률 제9조의2(총포판매업자가 허가없이 판매할 수 있는 실탄·공포탄의 수량)

① 총포판매업자는 판매허가를 받은 총포의 실탄 또는 공포탄을 총포소지허가를 받은 사람에게 <u>1일 1인당 400개</u>(건설용 타정총용 공포탄의 경우에는 5,000개)이하의 범위안에서 관련법의 규정에 의하여 허가를 받지 아니하고 판매할 수 있다.

② 총포판매업자가 관련법에 의하여 판매하기 위하여 보관하는 실탄·공포탄의 수량은 실탄 2만개, 공포탄 2만개(건설용 타정총용 공포탄의 경우에는 10만개)를 초과하여서는 아니된다.

(2) 총포 · 도검 · 화약류 등의 안전관리에 관한 법률 제26조의2(안전교육 실시)

① 관련법에 따라 총포(엽총 및 공기총으로 한정) 또는 석궁의 소지허가를 받은 자가 수렵을 하려는 경우에는 수렵을 하기 전에 지방경찰청장 또는 경찰서장이 실시하는 다음 안전교육을 받아야 한다.

㉠ 총포 또는 석궁의 조작방법 및 안전관리 수칙

㉡ 총포 또는 석궁의 도난 · 분실이나 안전사고 발생 시 조치 요령

㉢ 관련 법령에 따른 수렵 시 안전 관련 주의사항

② 안전교육은 교육을 받은 날부터 <u>1년간 유효</u>하다.

(3) 총포 · 도검 · 화약류 등의 안전관리에 관한 법률 제46조(행정처분)

① <u>허가관청은 총포 · 도검 · 화약류 · 분사기 · 전자충격기 · 석궁의 소지허가를 받은 자 또는 화약류사용자가 다음에 해당하는 경우에는 그 허가를 취소하여야 한다.</u>

㉠ <u>소지자의 결격사유에 해당하게 된 경우</u> 2019년 출제

㉡ 제17조제1항 · 제2항 또는 제4항을 위반한 경우

㉢ 총포 · 도검 · 화약류 · 분사기 · 전자충격기 · 석궁을 <u>도난당하거나 분실하여 경찰관서에 신고한 후 30일이 지난 경우</u>

㉣ 이 법 또는 이 법에 따른 명령을 위반한 경우

② 허가관청은 허가를 취소하였을 때에는 해당 총포 · 도검 · 화약류 · 분사기 · 전자충격기 · 석궁을 그 소유자에게 15일 이내에 제출하도록 명하여 해당 허가관청에 임시 영치하여야 한다.

핵심유형 익히기

07 경찰서장의 허가를 받지 않고 화약류판매업자가 엽탄을 판매할 수 있는 경우는?

① 가스총 판매업자
② 공기총소지허가를 받은 자
③ 대한사격연맹
④ 엽총소지허가를 받은 자 ■④

08 다음 중 실탄 양도·양수 및 안전관리 요령으로 옳은 것은?

① 수렵 후 사용하고 남은 실탄 20발을 경찰관서에 보관하였다.
② 총포소지허가를 받은 친구로부터 실탄 100발을 양수받았다.
③ 사격경기 중 대한사격연맹으로부터 실탄 250발을 양수받았다.
④ 수렵 중 동료 엽사에게 실탄 50발을 양도하였다. ■①

핵심유형

05 청문/총포 · 화약안전기술협회 *

(1) 총포 · 도검 · 화약류 등의 안전관리에 관한 법률 제46조의3(청문)

면허관청 또는 허가관청은 총포 · 도검 · 화약류 · 분사기 · 전자충격기 · 석궁의 소지허가 또는 화약류사용 허가의 취소에 해당하는 처분을 하려면 청문을 하여야 한다.

(2) 총포 · 도검 · 화약류 등의 안전관리에 관한 법률 제48조(총포 · 화약안전기술협회의 설립)

① 총포 · 화약류 · 분사기 · 전자충격기 · 석궁으로 인한 <u>위험과 재해를 예방하기 위한 안전기술의 연구 · 개발</u>과 행정관청이 위탁하는 총포 · 화약류 · 분사기 · 전자충격기 · 석궁의 <u>안전에 관한 교육</u>, 그 밖의 업무를 수행하기 위하여 총포 · 화약안전기술협회를 설립한다.

② 협회의 설립과 등기에 관하여 필요한 사항은 대통령령으로 정한다.

(3) 총포 · 도검 · 화약류 등의 안전관리에 관한 법률 시행령 제78조(회비)

① 총포 · 화약안전기술협회는 회비를 다음 금액의 범위에서 정관이 정하는 바에 따라 징수한다.

  ㉠ <u>총포소지허가를 받은 사람은 장약총포의 경우에는 연 7,500원, 공기총의 경우에는 연 3,000원</u>

  ㉡ 화약류제조 · 관리보안책임자 1급면허를 소지한 사람은 연 10,000원, 2급 및 3급면허를 소지한 사람은 연 5,000원

② 화약류 사용자로서 정부의 보조를 필요로 하는 사람에 대하여는 이사회의 의결을 거쳐 회비의 전부 또는 일부를 면제할 수 있다.

핵심유형 익히기

09 총기로 밀렵을 하다가 경찰관에게 적발되어 총포소지허가에 대한 행정처분을 받을 경우에 소지자에게 해명의 기회를 주는 사전절차는?

① 사전신고　　　　　　　　　② 의견서 제출

③ 사건설명회　　　　　　　　④ 청문　　　　　　　　　■④

10 수렵용 산탄총(장약총) 소지허가를 받은 사람이 총포화약안전기술협회에 납부하는 1년 회비 금액은?

① 5,500원　　　　　　　　　② 7,500원

③ 6,500원　　　　　　　　　④ 4,500원　　　　　　■②

11 다음 중 총포화약안전기술협회의 사업에 관한 설명으로 옳지 않은 것은?

① 총포의 안전검사

② 총포 안전사상의 계몽 및 홍보.

③ 총포의 안전에 관한 기술지원 및 조사·연구

④ 수렵인의 권익보호　　　　　　　　　　　　　　　　　　　■④

핵심유형
06 벌칙/과태료 ★★★★★

(1) 총포·도검·화약류 등의 안전관리에 관한 법률 제71조(벌칙) : 5년 이하의 징역 또는 1천만원 이하의 벌금

① "총기를 빌리거나 빌려주어서도 안 된다"는 총기 관련 법률 규정을 위반할 경우

② 수렵기간이 종료되어 총기를 허가관청이 지정하는 장소에 보관하지 않은 경우

③ 총포 또는 석궁을 다른 사람에게 빌려준 경우

④ 허가관청의 총포 또는 석궁 보관명령을 위반한 경우

⑤ 총포 또는 석궁을 허가를 받지 아니한 자에게 양도한 경우

(2) 총포·도검·화약류 등의 안전관리에 관한 법률 제72조(벌칙) : 3년 이하의 징역 또는 700만원 이하의 벌금

① 거짓이나 옳지 못한 방법으로 총포 또는 석궁의 소지허가를 받은 경우

② 출입 또는 검사를 거부·기피 또는 방해하거나 거짓 진술을 한 자

(3) 총포·도검·화약류 등의 안전관리에 관한 법률 제73조(벌칙) : 2년 이하의 징역 또는 500만원 이하의 벌금

① 총포 또는 석궁을 습득하고 24시간 이내에 신고하지 않은 경우

② 총포 또는 석궁을 정당한 사유 없이 사용한 경우

③ 총포소지허가를 받은 자가 총기를 임의 개조한 경우

④ 총포의 폐기 신청을 하지 아니하고 총포를 폐기한 자

(4) 총포·도검·화약류 등의 안전관리에 관한 법률 제74조(과태료) : 300만원 이하의 과태료

① 총포 또는 석궁의 소지허가를 받은 사람이 준수사항을 위반한 경우

② 총포 또는 석궁을 도난·분실시 신고하지 아니한 경우

③ 총포를 총집에 넣거나 포장하지 아니하고 운반한 경우

④ 총포 또는 석궁을 정당한 목적 외의 사유로 운반한 경우

12 다음 중 "총기를 빌리거나 빌려주어서도 안 된다"는 총기 관련 법률 규정을 위반할 경우 처벌로 옳은 것은?

① 5년 이하의 징역 또는 1천만원 이하의 벌금

② 3년 이하의 징역 또는 2천만원 이하의 벌금

③ 5년 이하의 금고 또는 1천만원 이하의 벌금

④ 1천만 원 이하의 벌금

■①

13 수렵기간이 종료되어 총기를 허가관청이 지정하는 장소에 보관하지 않은 경우 처벌은?

① 5년 이하의 징역 또는 1천만원 이하의 벌금

② 3년 이하의 징역 또는 2천만원 이하의 벌금

③ 5년 이하의 금고 또는 1천만원 이하의 벌금

④ 1천만 원 이하의 벌금

■①

14 다음 중 총포 또는 석궁을 습득하고 24시간 이내에 신고하지 않은 경우의 처벌은?

① 5년 이하의 징역 또는 1천만원 이하의 벌금

② 3년 이하의 징역 또는 2천만원 이하의 벌금

③ 2년 이하 징역 또는 500만원 이하 벌금

④ 1천만 원 이하의 벌금

■③

02 총기 안전사고 방지 요령

01 안전사고 예방을 위한 행동 요령 *****

(1) 수렵안전 수칙 *****

① 수렵 도중 휴식을 취할 때에는 총기와 실탄을 분리한다. 2019년 출제

② 장전되지 않았을 때도 늘 안전장치를 걸어두는 습관을 기른다.

③ 울창한 숲에서는 나뭇가지에 걸려 오발하지 않도록 방아쇠를 손바닥으로 감싼다.

④ 수렵장에서 동물에게 총기를 발사하기 전에는 안전사고 방지를 위해 등산객 등 전방 위험성 유무를 확인한다.

⑤ 발사하지 않을 때는 방아쇠에 손가락을 두지 않는다.

⑥ 유탄방지를 위해 강이나 바다에서는 조류를 공중으로 날아오르게 하고 사격을 한다.

⑦ 차량이 흔들려 오발사고 위험이 높으므로 운행 중인 자동차에서 사격을 하지 않도록 한다.

⑧ 일출전과 일몰 후에는 수렵이 금지된다(보관해제 된 수렵용 총기를 경찰관서에 보관해야 하는 시간은 19:00 ~ 07:00). 2019년 출제

⑨ 지정된 표식이 있는 조끼를 착용한다.

⑩ 동료와 안전거리를 유지한다.

⑪ 누구든지 수렵장 외의 장소에서 수렵을 하여서는 아니 된다. 2019년 출제

(2) 총포 · 도검 · 화약류 등의 안전관리에 관한 법률 시행규칙 [별표 17의2](수렵용 조끼 세부사항)

① 수렵 조끼 모양(예시)

② 수렵 조끼 색상 · 크기 세부사항 2019년 출제

ㄱ 수렵용 조끼의 색깔은 지정된 색상표에 따른 수치값에 해당하는 주황색으로 한다.

ㄴ 수렵용 조끼 길이는 허리선까지 내려오도록 충분한 길이를 갖춰야 한다.

ⓒ 수렵용 조끼의 4면에서 주황색이 잘 보이도록 하여야 한다.

ⓓ 수렵용 총포 소지자임을 잘 알아볼 수 있도록 조끼의 뒷면에 자수 또는 인쇄 등의 방법으로 "수렵"이라는 단어를 검정색 글씨로 명시하여야 한다. 이 경우 각 글자는 가로 10cm 세로 10cm 크기 이상으로 하여야 한다.

PART 04

핵심유형 익히기

01 수렵시 안전사고 방지를 위한 행동요령에 대한 설명으로 틀린 것은?

① 전선에 앉아 있는 조류는 사격하지 말아야 한다.

② 운행 중인 차량이나 선박에서 수렵을 하는 것은 유탄의 위험이 있다.

③ 울창한 숲을 통과할 때에는 실탄을 제거하는 것이 가장 안전하다.

④ 나무가 적은 지역에서는 총을 지면과 수평 방향으로 메고 다녀야 안전하다.

■④

02 수렵 시 총기 또는 석궁 등 엽구를 잘못 사용하여 발생할 수 있는 안전사고의 예방 요령으로 틀린 것은?

① 포획대상 발견 시 즉시 사격하여야 한다.

② 자신과 동료를 과신하지 않고 항상 주의한다.

③ 평소에 자주 사격장을 찾아 연습을 한다.

④ 동료 엽사의 경험담이나 충고를 귀담아 듣는다.

■①

03 다음 중 수렵시에 반드시 착용해야 하는 복장과 색상으로 옳은 것은?

① 노란색 조끼   ② 빨간색 조끼

③ 얼룩무늬 군복   ④ 주황색 조끼   ■④

핵심유형

02 수렵총기의 안전관리 *****

(1) 수렵총기 안전관리 준수사항 *****

① 총기는 허가받은 용도 등 정당한 사유 외에는 사용해서는 안된다.

② 총기를 운반할 때에는 경찰관서에 신고를 하여야 한다.

③ 총포 또는 석궁의 고장이나 불발이 나면 즉시 탄(살)을 제거해야 한다.

④ 가늠쇠의 조정이 잘못된 경우도 오탄으로 인한 사고로 이이질 수 있다.

⑤ 불발의 원인은 여러 가지가 있으므로 예단은 금물이다.

⑥ 안전사고 방지를 위해 보관해제 총기 출고 시 1인 1정 제한을 지킨다.

⑦ 수렵신청 총기 외 여타 총기는 사용하여서는 안된다.

⑧ 빈총(석궁)이라도 항상 안전한 방향으로 지향하는 습관을 갖는다.

⑨ 총기 보관 시 분리 가능한 부품과 실탄을 따로 나눠 두는 게 좋다.

⑩ 사냥용 보안경은 유탄으로부터 눈을 보호해 줄 수 있다.

(2) 수렵총기 사용 시 총열 파열로 인한 안전사고의 원인

① 총구에 이물질이 들어 있는 총기를 그대로 사용

② 규정된 정품 실탄을 개량하여 성능을 강화하여 사용

③ 미세한 균열이 있는 총열을 그대로 사용

(3) 총기를 발사하였으나 불발이 된 경우 안전 조치요령

① 실탄을 우선하여 추출 한 뒤 타격 흔적이 없는 경우 공이치기 고장유무를 확인한다.

② 실탄의 뇌관을 타격한 흔적으로 총기 고장여부를 진단해 본다.

핵심유형 익히기

04 총기 안전관리수칙에 관한 설명으로 옳은 것을 고르면?

① 친 가족 외에는 누구에게도 총기를 빌려 주어서는 안 된다.

② 총기를 보관할 때 총기에서 안전장치를 따로 분리하여 보관해 둔다.

③ 수렵 중 간단한 음주와 흡연은 긴장해소에 많은 도움이 된다.

④ 총기 보관 시 노리쇠 뭉치를 따로 분리하여 보관한다.   ■④

05 다음 중 수렵 도중 휴식을 취할 때의 안전사고 방지요령으로 옳은 것은?

① 서로 떨어져 있으면 실탄을 분리하지 않아도 된다.

② 화장실에 갈 때는 총기를 동료에게 맡긴다.

③ 안전장치를 하면 실탄을 빼지 않아도 된다.

④ 총기에서 실탄을 분리하고 약실을 개방한다.   ■④

6 보관해제 총기 출고 시 1인 1정으로 제한하는 이유로 옳지 않은 것은?

① 수렵허가증에 1정만 사용하도록 되어 있다.
② 2정 이상을 관리할 경우 소홀하기가 쉽다.
③ 수렵은 1정으로도 가능하다.
④ 안전사고 방지를 위한 조치이다.　　　　　　　　　　　　　　　■①

7 수렵총기 사용 시 총열 파열로 인한 안전사고의 원인으로 옳지 않은 것은?

① 방아틀 뭉치에 이물질이 묻어있는 것을 그대로 사용
② 총구에 이물질이 들어 있는 총기를 그대로 사용
③ 미세한 균열이 있는 총열을 그대로 사용
④ 규정된 정품 실탄을 개량하여 성능을 강화하여 사용　　　　　　■①

8 총기를 발사하였으나 불발이 된 경우 안전 조치요령으로 옳지 않은 것은?

① 불발탄은 재발사가 안되므로 바로 폐기처분 한다.
② 실탄을 우선하여 추출 한다.
③ 실탄의 뇌관을 타격한 흔적으로 총기 고장여부를 진단해 본다.
④ 타격 흔적이 없는 경우 공이치기 고장유무를 확인한다.　　　■①

03 응급처치 요령

핵심유형
01 응급 처치의 개요 ****

(1) 응급 처치의 개념과 중요성

① 응급 처치 : 응급환자에게 행해지는 기도 확보, 심장박동의 회복, 기타 생명의 위험이나 증상 악화를 방지하기 위해 긴급히 필요한 처치

② **응급처치의 중요성** : 인명구조, 고통 경감, 신속한 현장처치로 부상의 악화 방지, 우발적 총기안전사고 대비

③ **응급처치의 4대 요소** : 기도유지, 지혈, 쇼크방지, 상처보호

④ 응급 처치의 절차 : 현장상황 판단 → 구조요청 → 응급처치

⑤ 응급의료서비스 기관을 표시하는 용어 : EMS

(2) 응급처치의 일반원칙

① 긴박한 상황에서도 구조자 자신의 안전을 최우선으로 한다. ^{2019년출제}

② 사전에 당사자의 이해와 동의를 얻어 실시하는 것을 원칙으로 한다.

③ 당황하거나 흥분하지 않고 침착하게 사고의 정도와 환자의 모든 상태를 확인한다.

④ 응급처치 시 사전에 보호자 또는 당사자의 동의를 얻는 것을 원칙으로 한다.

⑤ 당황하거나 흥분하지 말고 침착하게 사고의 정도와 환자의 모든 상태를 확인한다.

⑥ 의식이 없는 환자는 심폐소생술을 실시하고 119에 전화로 신고한다. ^{2019년출제}

⑦ 수렵안전사고 현장에서 환자나 부상자가 응급처치를 거부할 경우 응급처치는 할 수 없으므로 물러나서 신고하고 지켜본다. ^{2019년출제}

(3) 응급환자에 대한 위험진단 항목 : 호흡, 맥박, 의식 ^{2019년출제}

① 호흡 : 숨을 편안하게 쉬고 있는지 여부

  ㉠ 환자의 숨소리로 호흡여부를 판단한다.

  ㉡ 환자의 코와 입에 귀를 대고 바람소리로 확인한다.

  ㉢ 규칙적인 가슴의 상하 움직임이 있는지 확인한다.

② 맥박 : 심장의 박동여부

    ㉠ 손목의 동맥을 손끝으로 맥 확인한다.

    ㉡ 목젖 바깥쪽 경동맥을 손끝으로 확인한다.

    ㉢ 환자의 가슴에 귀를 대고 심박동 확인한다.

③ 의식 : 환자의 의식이 있는지 여부

    ㉠ <u>기도가 열려있는지를 확인한다.</u> 2019년 출제

    ㉡ 숨을 쉬고 있는지를 확인한다.

    ㉢ <u>심한 출혈이 있는지를 확인한다.</u>

(4) <u>응급상황이 발생하여 구조신고 시 포함시켜야 할 사항</u> 2019년 출제

① 연락 가능한 신고자의 이름과 전화번호

② 사고의 종류와 사고 장소 및 피해 규모

③ 보다 확실한 도움요청이 되도록 가능하면 2인 이상이 전화

(5) 후송 전 응급처치

① 출혈이 심한 경우 출혈부위를 계속해서 손으로 압박

② 구토를 하는 경우 옆으로 눕힌다.

③ 신체의 일부분이 절단된 경우 절단부위를 찾는다.

④ 신체에 이물질이 박혀있는 경우 : 현장에서 제거하려고 하지 말것

핵심유형 익히기

01 다음 중 수렵인이 응급처치법을 알아야 할 필요성으로 옳지 않은?

    ① 무리한 활동으로 인한 병리적 질병 대비

    ② 우발적 총기안전사고 대비

    ③ 의료진 도착할 때까지 상태악화 방지

    ④ 수렵장 내 의료시설의 부족   ■④

02 응급처치의 4대 요소로 옳지 않은 것은?

    ① 기도유지   ② 지혈

    ③ 쇼크방지 및 치료   ④ 전문의료기관 연락   ■④

03 응급처치의 일반원칙에 대한 설명으로 옳지 않은 것은?

① 당황하거나 흥분하지 않고 침착하게 사고의 정도와 환자의 모든 상태를 확인한다.

② 사전에 당사자의 이해와 동의를 얻어 실시하는 것을 원칙으로 한다.

③ 구조자 자신의 안전을 최우선으로 한다.

④ 신속하게 가지고 있는 모든 구급약품을 동원하여 환자를 처치한다.   ■④

04 응급환자의 위험진단 요령으로 틀린 것은?

① 환자의 출혈 상태를 확인한다.

② 환자가 호흡 상태를 살펴본다.

③ 환자의 의식 상태를 확인한다.

④ 환자의 피부 상태를 살펴본다.   ■④

05 응급상황 시 구조신고 내용에 대한 설명으로 옳지 않은 것은?

① 정확한 사고위치와 구급차 대기 장소

② 친인척 등 가족사항

③ 사고의 종류와 심각성

④ 피해규모 및 환자의 손상 정도   ■②

06 수렵장에서 부상자 발생 시의 응급처치 순서로 옳은 것은?

① 기도유지 → 생명력유지 → 지혈 → 운반

② 생명력유지 → 기도유지 → 운반 → 지혈

③ 지혈 → 생명력유지 → 기도유지 → 운반

④ 지혈 → 기도유지 → 생명력유지 → 운반   ■①

핵심유형
02 기본인명구조술 *****

(1) 응급환자 운반

① 응급환자를 운반하기 위한 준비사항 2019년 출제

㉠ 목적지 선정 및 안전한 이송경로 결정

㉡ 환자 상태를 파악 후 운반방법 결정

㉢ 운반 중 환자의 의식상태 지속파악 및 환자의 보온상태 유지

㉣ 운반 중 충격에 대비하여 조심운반

② 응급환자 후송을 위해 들것 대용품을 만드는 방법 : 모포와 막대기로 들것 만들기, 상의와 막대기로 들것 만들기, 모포로 들것 만들기, 로프와 막대로 들것 만들기

③ 응급환자를 들것에 싣고 이동할 때의 진행방향
   ㉠ 평지에서는 환자의 발 방향으로 진행한다.
   ㉡ 구급차에 탑승시킬 때는 머리 방향으로 진행한다.
   ㉢ 계단을 오를 땐 머리 방향으로 진행한다.

④ 환자 운반법 중 1인 운반법의 종류 : 부축하기, 업기, 안기

⑤ 환자 운반법 중 2인 운반법의 종류 : 양팔운반, 의자운반, 가슴과 양발을 안아 운반

(2) 심폐소생술과 인공호흡

① 심폐소생술의 개요
   ㉠ 호흡이나 심장이 정지된 환자에게 심장을 압박하여 혈액을 순환시키는 응급조치이다. 2019년 출제
   ㉡ 인공호흡이 되지 않을 때는 가슴압박만 실시한다.
   ㉢ 환자가 회복되거나 전문요원이 도착할 때까지 실시한다.

② 심폐소생술의 방법
   ㉠ 심정지의 확인 : 가슴의 움직임을 보고 변화를 관찰, 무반응, 무호흡 혹은 심정지 호흡(불규칙하고 매우 느린 호흡), 10초 이내 확인된 무 맥박(의료인만 해당)
   ㉡ 심폐소생술의 순서 : 도움요청 ⇒ 의식확인 ⇒ 가슴압박 ⇒ 기도유지 ⇒ 인공호흡
   ㉢ 가슴압박 속도 : 최저 분당 100회 이상(최고 120회 미만)
   ㉣ 가슴압박 깊이 : 최소 5cm 이상(최대 6cm 미만)
   ㉤ 가슴 이완 : 가슴압박 사이에는 완전한 가슴 이완, 가슴압박 시 압박 대 이완의 비율(1:1)
   ㉥ 가슴압박 중단 : 가슴압박의 중단은 최소화(불가피한 중단시는 10초 이내)
   ㉦ 기도유지 : 머리젖히고, 턱들기
   ㉧ 가슴압박 대 인공호흡 비율 : 약 2분 동안 30(가슴압박):2(인공호흡)의 비율로 5회 반복한다.
   ㉨ 의식불명 환자를 인공호흡 할 때 가장 먼저 취해야 할 행동 : 머리를 젖히고 입 안의 이물질 제거
   ㉩ 인공호흡을 위해 심장압박 시 위치 : 젖꼭지와 젖꼭지 사이 가슴 정중앙
   ㉪ 심폐 기능이 멈춘 후 뇌 손상을 막을 수 있는 산소의 여분 시간 : 4~6 분 이내

③ **인공호흡 방법** 2019년 출제

ㄱ 대상자의 코를 막고 자신의 숨을 들이쉰 상태에서 대상자의 입에 자신의 입을 대고 1초 동안 숨을 불어넣는다.

ㄴ 숨을 불어넣은 후에는 입을 떼고 코도 놓아주어서 공기가 배출되도록 한다.

ㄷ 가슴압박 동안 인공호흡이 동시에 시행되지 않도록 한다.

(3) 기도폐쇄

① 기도폐쇄의 원인 : 기도폐쇄에 의한 호흡곤란은 해부학적·물리적인 원인에 의해 기도가 부분적으로 또는 완전히 막혀 호흡할 수 없는 상태

② 기도폐쇄의 증상

ㄱ 완전기도폐쇄 : 기도가 완전히 막히면 말을 하지 못하면서 한손 또는 양쪽 손으로 목을 쥐고 얼굴 등에 청색증이 나타나고 공기를 불어 넣어도 들어 가지 않는다.

ㄴ 부분기도폐쇄 : 기도가 일부분 막히는 경우에는 환자가 기침과 말을 할 수 없으며, 매우 안절부절하는 행동을 나타내지만 얼굴과 입술이 파랗게 변하지는 않는다.

③ 기도폐쇄 응급처치

ㄱ 기도폐쇄 증상이 나타나면 즉시 119에 연락하며, 의식이 없는 환자는 심폐소생술을 실시한다.

ㄴ 의식이 있는 환자에서 만약 완전한 기도 폐쇄로 인해 말을 하거나 숨을 쉴 수 없다면, 하임리히 요법(Heimlich maneuver)으로 생명을 구할 수 있다.

ㄷ 의식이 있는 경우 이물질을 제거하고 심폐소생술을 실시한다.

(4) 뼈가 손상된 경우 : 탈구/염좌

① 탈구

ㄱ 관절의 손상에 의해서 양측 골단면의 접촉상태에 균형이 깨진 상태

ㄴ 탈구에 대한 응급처치법

ⓐ 부상당한 부위를 될 수 있는 한 편하게 한다.

ⓑ 충격에 대비한 응급처치를 한다.

ⓒ 냉찜질을 하면 고통경감에 도움이 된다.

② 염좌

ㄱ 골격계를 지지하는 인대 일부가 늘어나거나 파열되어 관절에 부분 또는 일시적인 전위를 일으키는 손상

ㄴ 염좌의 응급처치법

ⓐ 염좌된 부위를 높이 올린다.

ⓑ 냉찜질은 도움이 된다.

ⓒ 전문 의료진의 도움을 받을 때까지 움직이지 않도록 한다.

핵심유형 익히기

07 성인의 심폐소생술 요령에 대한 설명으로 옳지 않은 것은?

① 산소가 공급되지 않으면 가슴압박은 의미가 없다.

② 약 2분 동안 30(가슴압박):2(인공호흡)의 비율로 5회 반복한다.

③ 환자가 회복되거나 전문요원이 도착할 때까지 실시한다.

④ 인공호흡이 되지 않을 때는 가슴압박만 실시한다.　　　　■①

08 응급환자를 운반하기 위한 준비사항으로 옳지 않은 것은?

① 환자의 보온상태 유지

② 환자에게 충분한 음료 공급

③ 환자에 대한 응급처치

④ 목적지 선정 및 안전한 이송경로 결정　　　　■②

09 다음 중 환자 운반법에 관한 설명 중 1인 운반법의 종류로 옳지 않은 것은?

① 부축하기　　　　② 의자에 앉혀 운반

③ 안기　　　　④ 업기　　　　■②

10 다음 중 응급환자 환자 운반법 중 2인 운반법의 종류로 틀린 것은?

① 독일식운반　　　　② 양팔운반

③ 의자운반　　　　④ 옷 잡고 끌기　　　　■④

11 다음 중 심폐소생술에 대한 설명으로 틀린 것은?

① 호흡기를 압박하여 의식을 회복시키는 응급조치이다.

② 심장을 압박하여 혈액을 순환시키는 응급조치이다.

③ 호흡이 정지된 환자에게 필요한 응급조치이다.

④ 심장이 정지된 환자에게 필요한 응급조치이다.　　　　■①

12 인공호흡을 위해 심장압박 시 위치에 대한 설명으로 옳지 않은 것은?

① 가슴 정중앙에 한 손을 올려놓고 그 손위에 다른 쪽 손을 포개어 놓는다.
② 젖꼭지와 젖꼭지 사이 정중앙 밑에 있는 명치를 압박한다.
③ 젖꼭지와 젖꼭지 사이 가슴 정중앙을 찾는다.
④ 팔을 곧게 펴서 환자의 압박부위와 수직방향으로 힘을 가할 수 있는 자세를 취한다.

■②

13 의식이 있는 경우 기도폐쇄에 대한 설명으로 틀린 것은?

① 이물질을 제거하고 심폐소생술을 실시한다.
② 이물질에 의해 기도가 막혔을 경우 말, 기침, 호흡여부를 확인한다.
③ 환자를 뒤에서 감싸 안고 배를 아래에서 위쪽 방향으로 당기듯이 밀쳐 올린다.
④ 환자에게 기침을 권장한다.

■①

14 다음 중 완전기도폐쇄에 대한 설명으로 옳지 않은 것은?

① 환자 스스로 이물질을 뱉어내려 하거나 기침을 세게 할 수 있다.
② 말을 할 수 없고 호흡이나 기침도 할 수 없다.
③ 환자는 한 손 또는 두 손으로 목을 움켜쥐는 동작을 하게 된다.
④ 호흡이 잘 안 되는 부분기도폐쇄도 완전기도폐쇄로 본다.

■①

15 다음 중 탈구에 대한 응급처치법으로 옳지 않은 것은?

① 충격에 대비한 응급처치를 한다.
② 냉찜질을 하면 고통경감에 도움이 된다.
③ 부상당한 부위를 될 수 있는 한 편하게 한다.
④ 전문 의료진이 아니더라도 누구나 바로잡을 수 있다.

■④

16 염좌의 응급처치법 설명으로 틀린 것은?

① 지혈한다.
② 염좌된 부위를 높이 올린다.
③ 전문 의료진의 도움을 받을 때까지 움직이지 않도록 한다.
④ 냉찜질은 도움이 된다.

■①

(1) 개방성 상처

① 개방성 상처 : 찰과상이나 열상 등 피부가 찢기거나 절단되어 출혈이 발생하는 상처

② 종류 : 찰과상, 열상, 자상, 박탈상, 절단상 등

③ 드레싱(소독)의 목적 : 상처부위를 소독거즈로 덮고 붕대를 감는 것으로 상처부위를 외부와 차단시켜 감염 예방과 출혈을 억제, 분비물 제거

④ 개방성 상처의 응급처치

    ㉠ 손상부위를 과도하게 움직이면 심한통증과 2차 손상을 유발할 수 있으므로 움직이지 않는다.

    ㉡ 가위를 이용하여 의복을 제거할 때에도 움직임을 최소화 한다.

    ㉢ 절단된 상처의 응급처치 : 절단된 표면은 만지지 않고 헝겊과 비닐에 감싼 후 얼음주머니에 넣는다.

    ㉣ 상처에 이물질이 깊이 박힌 경우 응급처치 : 이물질을 그대로 두고 드레싱을 대고 붕대를 감는다.

⑤ 타박상을 입었을 때 조치 방법

    ㉠ 출혈이 멈추고 부기가 내리면 온찜질을 한다.

    ㉡ 8~10 시간 가량 얼음찜질을 한다.

    ㉢ 상처주위를 탄력붕대로 감아 출혈과 부종을 방지한다.

(2) 골절

① 골절 : 골격의 연속성이 비정상적으로 소실된 상태

② 골절의 증상과 징후 : 통증 및 압통, 정상 기능 상실, 기형, 부종과 피하출혈, 근육경련, 마비 등

③ 골절의 응급처치 : 가능하면 119에 도움을 요청하여 처치, 부목 고정, 부목 고정 후에 골절 부위가 심장보다 높게 위치

    ㉠ 신체 손상환자(골절, 염좌 등) 발견 시 응급처치 순서 : 안정 → 냉찜질 → 압박 → 상처올림

    ㉡ 골절 시 부목을 이용하여 손상부위를 고정하는 이유 : 골절된 부위를 바로 교정시켜 형태가 유지되도록 함, 부러진 뼈를 맞추기 위함

④ 부위별 골절 사례

    ㉠ 두개골 골절

ⓐ 머리가 터지거나 의식이 없다.

ⓑ 심할 경우에는 귀, 코, 입 등으로 출혈이 있다.

ⓒ 부상자의 머리와 어깨를 약간 높여준다.

ⓛ 빗장뼈(쇄골) 골절

ⓐ 부상당한 쪽의 팔을 어깨 위로 쳐들지 못한다.

ⓑ 부상당한 쪽의 어깨가 다른 쪽의 어깨보다 낮아진다.

ⓒ 어깨를 대고 추락했거나 손을 앞으로 짚고 넘어졌을 때 발생한다.

ⓓ 부러진 뼈의 끝부분이 만져진다.

ⓒ 팔꿈치뼈(주관골) 골절

ⓐ 관절 부위가 붓는다.

ⓑ 아파서 팔을 폈다 구부렸다를 못한다.

ⓒ 팔을 구부리고 넘어질 때 주로 발생한다.

ⓔ 무릎뼈(슬개골) 골절

ⓐ 무릎을 강하게 부딪칠 때 발생할 수 있다.

ⓑ 무릎을 굽힌 채로 추락할 때 발생할 수 있다.

ⓒ 무릎뼈를 만져보면 대개 갈라진 부분을 만질 수 있다.

ⓜ 정강뼈(하퇴) 골절

ⓐ 무릎과 발목사이의 뼈가 부러진 것을 말한다.

ⓑ 1개만 부러진 경우 기형이 나타날 수 있다.

ⓒ 발목 위의 골절은 염좌로 오인할 수도 있다.

ⓗ 척추골절

ⓐ 손가락 또는 발가락을 자기 뜻대로 움직이지 못한다.

ⓑ 경추 손상시는 튼튼한 전신부목위에 바로 눕히고 고정한다.

ⓒ 의료진이 도착하기 전까지는 그대로 두는 것이 좋다.

ⓢ 골반골절

ⓐ 환자가 편하게 느끼는 자세가 되도록 도와준다.

ⓑ 몸통의 아래쪽 부분을 이루는 뼈의 골절로 과다 출혈의 위험이 있다.

ⓒ 충격이 적도록 처치를 한다.

ⓞ 대퇴부 골절 2019년 출제

ⓐ <u>엉덩이 관절과 무릎 관절의 사이에 뼈가 부러진 상태로 확인이 곤란할 때가 많다.</u>

ⓑ 누운 상태에서 발뒤꿈치를 들지 못한다.

ⓒ 발이 바깥쪽 또는 안쪽으로 비틀어져 발을 세우지 못한다.

(3) 출혈

① 정상 성인은 몸안에 4.8~5.7ℓ의 혈액을 가지고 있으며, 0.95ℓ 이상의 출혈은 생명의 위험을 초래할 수 있다.(일반적으로 체중의 1/12 ~1/13 정도)

② 출혈의 종류

  ㉠ 외출혈 : 혈액이 피부 밖으로 흘러나오는 것이다.

  ㉡ 내출혈 : 혈액이 피부 안쪽으로 고이는 것이다.

③ 출혈의 증상 2019년 출제

  ㉠ 호흡과 맥박이 빠르고 불규칙하다.

  ㉡ 불안과 갈증, 반사작용이 둔해지고 구토도 발생한다.

  ㉢ 탈수현상이 있으며 갈증을 호소한다.

④ 출혈 환자의 응급조치 요령 *

  ㉠ 출혈 상태에 따라 응급처치법의 순서를 결정해야 한다.

  ㉡ 심장 가까운 쪽의 동맥을 눌러준다.

  ㉢ 소독된 두꺼운 거즈나 손수건 등으로 직접 누르고 압박붕대로 감는다.

  ㉣ 출혈이 심하면 지혈을 시키면서 의식, 호흡, 순환상태를 확인한다.

  ㉤ 출혈이 심하지 않으면 호흡 확인 후 심폐소생술을 먼저 할 수 있다.

  ㉥ 출혈부위를 심장보다 높게 한다. 2019년 출제

  ㉦ 환자를 편안하게 눕히고 보온한다.

  ㉧ 출혈이 멎기 전에는 음료를 주지 않는다.

  ㉨ 응급처치를 한 후 즉시 응급구조요청을 한다.

⑤ 지혈법의 종류

  ㉠ 직접압박법 : 상처 위에 거즈나 깨끗한 천을 대고 출혈 상처 부위를 직접 압박, 가장 손쉽고 안전하며 효과적인 방법, 출혈이 심하면 상처부위를 심장보다 높게 함

  ㉡ 간접압박법(혈관압박) : 직접 압박으로 지혈되지 않으면, 출혈부위에 공급하는 혈관을 압박하는 방법, 국소압박으로 지혈되지 않을 때 실시

  ㉢ 지혈대법 : 지혈의 마지막 수단으로 상처부위보다 심장에 가까운 쪽을 천등으로 묶고 막대기같은 것을 끼어 돌려 죄는 지혈법으로 다른 방법으로도 출혈을 멈출 수가 없을 때 사용, 관절 부분에 지혈대는 금지

17 수렵장에서 신체 손상환자(골절, 염좌 등) 발견 시 응급처치 순서로 옳은 것은?

① 안정 → 압박 → 상처올림 → 냉찜질
② 안정 → 냉찜질 → 압박 → 상처올림
③ 압박 → 냉찜질 → 상처올림 → 안정
④ 냉찜질 → 압박 → 상처올림 → 안정

■②

18 다음 중 상처에 이물질이 깊이 박힌 경우 응급처치법으로 틀린 것은?

① 이물질을 그대로 두고 움직임을 최소화한다.
② 이물질을 그대로 두고 드레싱을 대고 붕대를 감는다.
③ 한쪽 눈에 이물질이 박힌 경우 양쪽 눈을 다 가린다.
④ 이물질을 신속히 제거하고 지혈한다.

■④

19 척추골절에 대한 설명으로 틀린 것을 고르면?

① 몸을 옆으로 돌려보며 손상 여부를 확인한다.
② 손가락 또는 발가락을 자기 뜻대로 움직이지 못한다.
③ 의료진이 도착하기 전까지는 그대로 두는 것이 좋다.
④ 경추 손상시는 튼튼한 전신부목위에 바로 눕히고 고정한다.

■①

20 두개골 골절에 대한 설명으로 틀린 것은?

① 심할 경우에는 귀, 코, 입 등으로 출혈이 있다.
② 부상자의 머리와 어깨를 약간 높여준다.
③ 머리가 터지거나 의식이 없다.
④ 머리부분을 따뜻하게 보온한다.

■④

21 골반골절의 응급처치법에 대한 설명으로 틀린 설명은?

① 충격이 적도록 처치를 한다.
② 온찜질을 하면 효과적이다.
③ 과다 출혈의 위험이 있다.
④ 환자가 편하게 느끼는 자세가 되도록 도와준다.

■②

22 대퇴부 골절에 대한 설명으로 틀린 것은?

① 확인이 곤란할 때가 많다.
② 누운 상태에서 발뒤꿈치를 들지 못한다.
③ 발이 바깥쪽 또는 안쪽으로 비틀어져 발을 세우지 못한다.
④ 뼈를 연결하는 인대와 관절낭이 파손된 상태다.　　　　　■④

23 다음 중 쇄골 골절에 대한 설명으로 옳지 않은 것은?

① 누운 상태에서 발뒤꿈치를 들지 못한다.
② 부상당한 쪽의 어깨가 다른 쪽의 어깨보다 낮아진다.
③ 어깨를 대고 추락했거나 손을 앞으로 짚고 넘어졌을 때 발생한다.
④ 부상당한 쪽의 팔을 어깨 위로 쳐들지 못한다.　　　　　■①

24 다음 중 응급환자 중 출혈 환자의 응급조치 요령으로 틀린 것은?

① 출혈이 심하면 우선 혈액순환 상태를 확인한다.
② 출혈 상태에 따라 응급조치 순서를 결정한다.
③ 출혈이 심하면 지혈을 우선한다.
④ 출혈이 소량이면 심장에 대한 처치를 먼저 시행한다.　　　　　■①

25 일반적인 출혈 시 지혈 방법에 관한 설명으로 틀린 것은?

① 출혈이 심하지 않을 때는 저절로 멎을 때까지 안정을 취해 준다.
② 출혈부위 직접압박으로 안 되면 혈관압박을 병행한다.
③ 혈관압박은 출혈부위에 공급하는 혈관을 압박한다.
④ 두꺼운 거즈 등으로 직접 누르고 압박붕대로 감는다.　　　　　■①

26 일반적인 지혈 요령에 대한 설명으로 틀린 내용은?

① 두꺼운 거즈 등으로 몇 분씩 압박을 가한다.
② 손수건 등으로 출혈 부위를 감싸 압박한다.
③ 심장 가까운 쪽의 동맥을 눌러준다.
④ 출혈 부위를 심장보다 낮게 한다.　　　　　■④

핵심유형
04 기타 응급처치 ***

(1) 동상

① **동상의 원인** : 동상은 <u>영하가 아닌 영상의 가벼운 추위에서 혈관이 손상입어 염증이 발생하는 질환이다.</u>

② **동상의 증상** 2019년 출제

　㉠ 처음에는 피부에 통증 또는 붉게 변한다.

　㉡ 동상은 상대적으로 통증이 약하다.

　㉢ 동상 부위에 피하출혈과 괴저가 나타난다.

③ **동상에 대한 처치법** 2019년 출제

　㉠ 정상 체온을 회복하도록 따뜻한 물을 마시게 한다.

　㉡ 손상된 부위를 마사지하거나 문지르지 않는다.

　㉢ 뜨거운 불에 동상부위를 녹이려 하면 안 된다.

　㉣ 상처가 저릴 경우는 정상적인 회복이 진행 중이라고 볼 수 있다.

　㉤ 손상 부위의 반지나 악세사리를 제거한다.

④ **동상을 예방하는 방법**

　㉠ 추운 곳에서 담배를 피우면 말초혈관을 수축시켜 동상의 위험이 커지므로 금연이 좋다.

　㉡ 외부에 노출된 신체 부분을 자주 비벼 준다.

　㉢ 손과 발을 자주 움직이거나 마찰해 준다.

　㉣ 꼭 끼는 장갑, 양말착용은 지양한다.

　㉤ 손과 발이 젖지 않도록 한다.

(2) 저체온증

① **저체온증** : 겨울철 혹한에 산속에서 조난당한 경우 인체의 중심체온이 35℃ 이하로 떨어진 상태에서 발생

② **저체온 환자의 체온에 따른 증상**

　㉠ 35도 이하 : 신체의 주요 장기들은 기능이 저하

　㉡ 32~35℃ : 오한(떨림 현상), 빈맥, 과호흡

　㉢ 28~32℃ : 오한의 상실, 산소소비감소, 혼수 상태, 맥박이 정상보다 느려지는 서맥 등의 부정맥

ⓔ 28~32℃ : 오한의 상실, 의식장애, 맥박이 느려짐

ⓜ 28℃ 이하 : 반사기능의 소실, 심박출량 감소, 심실세동

③ 저체온증 환자에 대한 응급처치법

㉠ 환자의 몸을 건조하고 따뜻하게 한다.

㉡ 치명적인 상태(호흡정지, 심장마비) 동반여부를 확인한다.

㉢ 필요시 신속하게 구조요청을 한다.

㉣ 의식이 없을 때에는 목과 손을 고정한 채로 빠른 시간 내에 병원으로 옮긴다.

(3) 쇼크(Shock)

① 쇼크 : 조직세포에서 필요로 하는 '산소 및 영양소들' 요구량에 못 미치는 용량의 산소 및 영양소들이 조직으로 공급되는 상황

② 쇼크 증상 및 징후 : 약하고 빠른 맥박, 창백한 얼굴, 식은땀과 현기증, 메스꺼움을 느끼며 구토나 헛구역질

③ 쇼크의 분류

㉠ 심장성 쇼크 : 혈액 순환의 원동력을 제공하는 심장의 기능이 부족하여 유발

㉡ 신경성 쇼크 : 혈관이 이완되어 발생

㉢ 저체액성 쇼크(혈액량감소 쇼크) : 산소 및 영양소를 전달하는 매체인 혈액의 기능이 부족하여 유발되는 쇼크

㉣ 출혈성 쇼크 : 출혈에 의한 혈액 소실로 발생

④ 쇼크(Shock)의 응급처치

㉠ 뇌와 심장으로 가는 혈액 순환을 더 원활하게 해 주기 위해 기도를 개방

㉡ 체온을 유지해 주며, 다리를 15~20cm 정도 올려줌

㉢ 구토가 심한 경우 얼굴을 측면으로 돌림

㉣ 원칙적으로 음료를 주지 않음

(4) 심정지/뇌졸중

① 심정지

㉠ 갑자기 심장이 멎는 상태를 심정지 또는 심장마비라고 한다.

㉡ 심장마비의 증상

ⓐ 의식이 없고, 호흡곤란이 있다.

ⓑ 외견상 사망한 것으로 보인다.

ⓒ 환자의 맥박이 약하고 안색은 창백하다.

ⓓ 환자의 의식이 오락가락 한다.

② 뇌혈관질환(뇌졸중)

㉠ 뇌혈관이 막히거나 터짐으로써 그 부분의 뇌가 국소적으로 기능을 하지 못하여 발생되는 신경학적 이상이 수반되는 질환이다.

㉡ 뇌졸중을 발병시키는 위험요소 : 고혈압, 심장병, 비만, 고지혈증, 당뇨병, 흡연

㉢ 일반적인 뇌졸중의 증상 : 반신마비, 반신감각 장애, 언어장애 등

㉣ 뇌졸중에 대한 응급처치 요령

ⓐ 응급의료기관에 신속히 신고한다.

ⓑ 기도를 열고 상태를 확인한다.

ⓒ 토사물이 나오면 잘 나올 수 있도록 옆으로 눕힌다.

(5) 짐승이나 곤충/독극물

① <u>독극물 복용환자의 처치요령</u> 2019년 출제

㉠ 농약 등 독극물이 눈, 피부에 묻었을 경우에는 신속히 씻어낸다.

㉡ 농약 등 독극물을 삼켰을 경우 구토를 유발시킨다.

㉢ 그람옥손(Gramoxone)계열의 농약제를 마신 경우 물을 많이 마시게 한다.

㉣ 독극물을 삼켜 호흡곤란 징후가 보이면 산소를 공급한다.

㉤ 장갑을 낀 손으로 환자의 입안의 약물을 제거한다.

㉥ 기도가 개방되었는지 확인한다.

② 광견병에 걸린 동물에게 물렸을 때의 응급처치

㉠ 동물에 대한 정보를 확인한다.

㉡ 비누와 물로 상처를 깨끗이 씻고 말린다.

㉢ 소독된 거즈를 대고 붕대를 감는다.

㉣ 신속하게 의사의 진단을 받는다.

③ <u>뱀에 물렸을 때 응급처치법</u> 2019년 출제

㉠ 가장 먼저 상처를 심장보다 낮게 한다.

㉡ 환자를 안정시키고 최대한 움직이지 않게 한다.

㉢ 상처부위에서 몸에 가까운 쪽을 압박한다.

㉣ 상처부위를 비눗물로 깨끗이 씻는다.

㉤ 뱀에 대한 정보를 확인한다.

④ 벌이나 작은 곤충에게 쏘였을 때 응급처치법

㉠ 즉시 벌침을 빼낸다.

ⓛ 상처부위를 깨끗이 소독한다.

ⓒ 암모니아수(또는 증류수)나 연고를 상처부위에 바른다.

ⓔ 붓기가 심하고 알레르기 반응이 있으면 병원으로 후송한다.

핵심유형 익히기

27 음료를 마시도록 하여서는 안되는 응급환자에 해당하는 경우를 고르면?

① 출혈환자 　　　　　　　　② 골절상태

③ 동상환자 　　　　　　　　④ 쇼크상태 　　　　　　　■④

28 동상의 발생 원인에 대한 설명으로 틀린 것은?

① 동상 환자는 자각 증세가 약하다.

② 흡연과 음주를 하는 사람이 동상에 더 잘 걸린다.

③ 혈액 순환이 좋지 않은 사람이 더 잘 걸린다.

④ 부정적인 사람에게 많이 발생한다. 　　　　　■④

29 동상에 대한 처치법으로 틀린 것은?

① 물집이 생기면 터뜨린 후 말려준다.

② 정상 체온을 회복하도록 한다.

③ 상처가 저릴 경우는 정상적인 회복이 진행 중이라고 볼 수 있다.

④ 손상 부위의 반지나 악세사리를 제거한다. 　　　■①

30 다음 중 동상 환자의 처치법에 관한 설명으로 옳은 것은?

① 손상된 부위를 마사지하거나 문지르지 않는다.

② 실내가 시원하고 통풍이 잘 되게 한다.

③ 동상부위를 얼음주머니로 마사지한다.

④ 시원한 물을 마시게 한다. 　　　　　　　■①

31 저체온증의 증상 및 징후로 옳지 않은 것은?

① 단계별로 경증에서 중증으로 나타난다.

② 심한 경우 의식 손실을 가져온다.

③ 체온이 35˚C 이하인 경우를 말한다.

④ 심한 경우에도 심장기능 장애는 오지 않는다. 　　■④

32 쇼크의 종류가 아닌 것을 고르면?

① 심장성 쇼크   ② 골절성 쇼크

③ 출혈성 쇼크   ④ 신경성 쇼크   ■②

33 심정지 상태의 증상에 관한 설명으로 옳지 않은 것은?

① 숨을 쉬지 않는다.   ② 다리를 떨고 있다.

③ 의식이 없다.   ④ 외견상 사망한 것으로 보인다.   ■②

34 뇌졸중에 대한 응급처치 요령으로 옳지 않는 것은?

① 물이나 음료를 주어 갈증을 해소시킨다.

② 토사물이 나오면 잘 나올 수 있도록 옆으로 눕힌다.

③ 응급의료기관에 신속히 신고한다.

④ 기도를 열고 상태를 확인한다.   ■①

35 뱀에 물렸을 때의 처치요령으로 틀린 것은?

① 물린 부위를 심장보다 낮게 한다.

② 환자를 문 뱀은 포획하여 땅에 묻는다.

③ 환자를 안정시키고 최대한 움직이지 않게 한다.

④ 상처부위를 비눗물로 깨끗이 씻는다.   ■②

36 농약 등을 복용한 경우 응급처치 요령으로 옳지 않은 것은?

① 의식을 잃었을 때에는 손가락을 입에 넣어 구토를 유발시킨다.

② 그람옥손(Gramoxone)계열의 농약제를 마신 경우 물을 많이 마시게 한다.

③ 장갑을 낀 손으로 환자의 입안의 약물을 제거한다.

④ 기도가 개방되었는지 확인한다.   ■①

05

부록

01 | 2019년 2차 기출복원문제

1 수렵에 관한 법령 및 수렵의 절차

01 다음 중 야생생물 보호 및 이용의 기본원칙으로 틀린 내용은?

① 현세대와 미래세대의 공동자산임을 인식하고 적극 보호하여야 함
② 야생생물과 그 서식지를 효과적으로 보호하여 멸종을 막음
③ 야생생물을 이용할 때에는 지속가능한 이용이 되도록 노력해야 함
④ 모든 야생생물은 사람에게 유해하므로 퇴치해야 함

> **해설** **야생생물 보호 및 이용의 기본원칙(법 제3조)**
> • 야생생물은 현세대와 미래세대의 공동자산임을 인식하고 현세대는 야생생물과 그 서식환경을 적극 보호하여 그 혜택이 미래세대에게 돌아갈 수 있도록 하여야 한다.
> • 야생생물과 그 서식지를 효과적으로 보호하여 야생생물이 멸종되지 아니하고 생태계의 균형이 유지되도록 하여야 한다.
> • 국가, 지방자치단체 및 국민이 야생생물을 이용할 때에는 야생생물이 멸종되거나 생물다양성이 감소되지 아니하도록 하는 등 지속가능한 이용이 되도록 하여야 한다.

02 다음 중 야생동물에게 금지되는 학대행위에 해당하지 않는 경우는?

① 때리거나 산 채로 태우는 등 다른 사람에게 혐오감을 주는 방법으로 죽이는 행위
② 포획 · 감금하여 고통을 주거나 상처를 입히는 행위
③ 목을 매달거나 독극물을 사용하는 등 잔인한 방법으로 죽이는 행위
④ 수렵 지정된 야생동물을 사냥하는 행위

> **해설** **야생동물의 학대금지(법 제8조)**
> • 때리거나 산채로 태우는 등 다른 사람에게 혐오감을 주는 방법으로 죽이는 행위
> • 목을 매달거나 독극물, 도구 등을 사용하여 잔인한 방법으로 죽이는 행위
> • 포획·감금하여 고통을 주거나 상처를 입히는 행위
> • 살아 있는 상태에서 혈액, 쓸개, 내장 또는 그 밖의 생체의 일부를 채취하거나 채취하는 장치 등을 설치하는 행위
> • 도구·약물을 사용하거나 물리적인 방법으로 고통을 주거나 상해를 입히는 행위
> • 도박·광고·오락·유흥 등의 목적으로 상해를 입히는 행위
> • 야생동물을 보관, 유통하는 경우 등에 고의로 먹이 또는 물을 제공하지 아니하거나, 질병 등에 대하여 적절한 조치를 취하지 아니하고 방치하는 행위

03 다음 중 허가 없이 야생동물을 포획할 수 있는 경우가 아닌 것은?

① 수렵장설정자로부터 수렵승인을 받은 경우
② 군수로부터 유해야생동물의 포획허가를 받은 경우
③ 야생동물에 의해 과수원 등 농작물에 피해가 많은 경우
④ 부상당한 야생동물의 치료가 시급한 경우

해설 **유해야생동물의 포획허가기준(시행규칙 제31조)** : 유해야생동물의 포획을 허가하려는 경우의 허가기준
- 인명·가축 또는 농작물 등 피해대상에 따라 유해야생동물의 포획시기, 포획도구, 포획지역 및 포획수량이 적정할 것
- 포획 외에는 다른 피해 억제 방법이 없거나 이를 실행하기 곤란할 것

04 야생생물 보호 및 관리에 관한 법률에 따라 수렵장에서의 수렵금지지역에 해당하는 지역이 아닌 곳은?

① 야생생물 보호구역　　　　　② 공원구역
③ 문화재 보호구역　　　　　　④ 국유림

해설 **수렵금지구역 지정(환경부 수렵장 설정업무 처리지침)**
- 「야생생물 보호 및 관리에 관한 법률」제55조에 따라 수렵장에서의 수렵금지구역을 지정
- 법 제54조에 따른 수렵장 설정 제한지역을 포함하여 야생생물보호구역, 공원구역, 문화재보호구역, 생태계보전지역, 기타 금렵구 등 유형별로 수렵금지구역의 명칭, 위치, 면적 등 세부내역서 제출

05 야생동물의 학대행위로 볼 수 없는 것은 무엇인가?

① 때리거나 산 채로 태우는 등 다른 사람에게 혐오감을 주는 방법으로 죽이는 행위
② 포획 · 감금하여 고통을 주거나 상처를 입히는 행위
③ 질병에 걸릴 우려가 있는 야생동물에 대하여 부검, 임상검사, 혈청검사, 그 밖의 실험 등을 하는 행위
④ 목을 매달거나 독극물을 사용하는 등 잔인한 방법으로 죽이는 행위

해설 **야생동물의 학대금지(법 제8조)**
- 때리거나 산채로 태우는 등 다른 사람에게 혐오감을 주는 방법으로 죽이는 행위
- 목을 매달거나 독극물, 도구 등을 사용하여 잔인한 방법으로 죽이는 행위
- 포획·감금하여 고통을 주거나 상처를 입히는 행위
- 살아 있는 상태에서 혈액, 쓸개, 내장 또는 그 밖의 생체의 일부를 채취하거나 채취하는 장치 등을 설치하는 행위
- 도구·약물을 사용하거나 물리적인 방법으로 고통을 주거나 상해를 입히는 행위
- 도박·광고·오락·유흥 등의 목적으로 상해를 입히는 행위
- 야생동물을 보관, 유통하는 경우 등에 고의로 먹이 또는 물을 제공하지 아니하거나, 질병 등에 대하여 적절한 조치를 취하지 아니하고 방치하는 행위

ANSWER / 01 ④　02 ④　03 ③　04 ④　05 ③

06 수렵장에서 수렵할 수 있는 야생동물의 지정 권한을 가진 사람은?

① 시·도지사　　　　　　　　　② 구청장

③ 군수　　　　　　　　　　　　④ 환경부장관

> 해설 **수렵동물의 지정(법 제43조)** : 환경부장관은 수렵장에서 수렵할 수 있는 야생동물(수렵동물)의 종류를 지정·고시하여야 한다.

07 유해야생동물 구제허가에 관한 설명으로 틀린 것은?

① 시장·군수·구청장의 허가를 받아야 한다.

② 생태계 교란우려가 없는 한도 내에서 실시해야 한다.

③ 대리포획은 수렵면허를 소지하고 수렵보험에 가입해야 한다.

④ 환경부장관의 허가를 받아야 한다.

> 해설 유해야생동물의 포획허가 및 관리(법 제23조) : 유해야생동물을 포획하려는 자는 환경부령으로 정하는 바에 따라 시장·군수·구청장의 허가를 받아야 한다.

08 멸종위기 야생생물의 지정기준에 해당하는 내용은?

① 개체 또는 개체군 수가 일정 상태를 유지하고 있는 종(種)

② 분포지역이 다양하고 서식지 또는 생육지가 양호한 종(種)

③ 생물의 지속적인 생존 또는 번식에 영향을 주는 자연적, 인위적 요인 등으로 인하여 가까운 장래에 멸종위기에 처할 우려가 있는 종(種)

④ 국민이 관심 있게 지켜보고 있는 종(種)

> 해설 **멸종위기 야생생물 Ⅰ급 지정기준[시행령 제1조의2]**
> • 개체 또는 개체군 수가 적거나 크게 감소하고 있어 멸종위기에 처한 종
> • 분포지역이 매우 한정적이거나 서식지 또는 생육지가 심각하게 훼손됨에 따라 멸종위기에 처한 종
> • 생물의 지속적인 생존 또는 번식에 영향을 주는 자연적 또는 인위적 위협요인 등으로 인하여 멸종위기에 처한 종

09 수렵이 제한된 시간이나 장소가 아닌 것은?

① 도로법 제2조의 규정에 의한 도로로부터 100m 이내의 장소

② 도로 쪽을 향하여 수렵을 하는 경우에는 도로로부터 600m 이내의 장소

③ 해진 후부터 해뜨기 전

④ 도로로부터 1km 이내의 장소

> 해설 **수렵 제한(법 제55조)**
> • 해가 진 후 부터 해뜨기 전까지
> • 도로로부터 100미터 이내의 장소(도로 쪽을 향하여 수렵을 하는 경우에는 도로로부터 600미터 이내의 장소를 포함).
> • 문화재가 있는 장소 및 지정된 보호구역으로부터 1킬로미터 이내의 장소

10 수렵인의 안전을 위한 조치 중 옳지 않은 것은?

① 수렵인에게 지역의 정보를 제공하여 안전사고 예방

② 수렵금지구역, 주요 관광지 및 등산로 등이 표시된 수렵안내지도 및 관리사무소 위치 등 수렵장 운영 관련 정보가 포함된 수렵안내서를 발간하여 개인별로 배부

③ 수렵 중 사고를 방지하기 위해 개인 휴대전화는 압수

④ 수렵장 내의 안전사고 예방을 위해 식별이 용이한 주황색 조끼를 착용토록 조치

> 해설) **수렵장 관리사무소 등 설치 및 홍보(환경부 수렵장 설정업무 처리지침)**
> • 관리사무소 : 안전사고 예방 및 수렵장 안내 등을 위하여 시·군청, 면사무소, 주유소, 파출소 등 10개소 이상 설치·운영
> • 수렵장 안내판 등 설치 : 1㎢ 당 0.3개 이상 설치, 안전사고 우려지역 등을 쉽게 인지할 수 있도록 표지판·플래카드·테이프 등을 설치
> • 수렵금지구역, 주요 관광지 및 등산로, 인가, 축사, 시설물 등이 표시된 수렵안내지도 및 관리사무소 위치 등 수렵장 운영과 관련된 정보가 포함된 수렵안내서를 발간하여 수렵인 개인별로 배부
> • 총기사고 및 수렵장 운영으로 인한 주민피해 예방을 위해 주민에 대한 홍보계획 수립·추진

11 야생동물에 대한 학대행위가 아닌 것은?

① 잔인한 방법이나 혐오감을 주는 방법으로 죽이는 행위

② 사체를 유기하는 행위

③ 포획·감금하여 고통을 주거나 상처를 입히는 행위

④ 살아있는 상태에서 생체의 일부를 채취하는 행위

12 「야생생물 보호 및 관리에 관한 법률」에 따라 포상금을 받을 수 없는 경우는?

① 불법포획자를 환경행정관서 또는 수사기관에 발각되기 전에 당해 기관에 신고 또는 고발하는 경우

② 불법포획자로부터 포획야생동물을 압수하여 해당 기관으로 이송하는 경우

③ 불법포획자를 위반현장에서 직접 체포하는 경우

④ 불법 포획한 야생동물 등을 신고한 경우

> 해설) **포상금(법 제57조)** : 환경부장관이나 지방자치단체의 장은 다음에 해당하는 자를 환경행정관서 또는 수사기관에 발각되기 전에 그 기관에 신고 또는 고발하거나 위반현장에서 직접 체포한 자와 불법포획한 야생동물 등을 신고한 자, 불법 포획 도구를 수거한 자 및 질병에 걸린 것으로 확인되거나 걸릴 우려가 있는 야생동물(죽은 야생동물을 포함)을 신고한 자에게 대통령령으로 정하는 바에 따라 포상금을 지급할 수 있다.

13 수렵인의 사회적 책무로서 적합하지 않은 것은?

① '많이 잡아야 우수한 포수'라는 인식을 가지고 경쟁적인 수렵문화를 조성한다.

② 우리나라 야생동물의 보호·관리 주체라는 의식을 가지고 스스로 불법행위를 근절하여 밀렵·밀거래를 추방한다.

③ 올무, 창애, 덫 등의 불법엽구를 단속하거나 수거하는 데 앞장선다.

④ 불법엽구를 단속할 수 있는 교육 및 홍보에 참여한다.

14 '돼지열병(classical swine fever)'에 대한 설명으로 가장 적합한 것은?

① 돼지에 감염되는 바이러스성 전염병으로 일반적으로 고열, 피부 발적, 식용 결핍, 변비, 설사, 백혈구 감소, 후구마비, 유사산 등 번식장애 등을 수반하며 치사율이 매우 높음

② 거의 모든 조류에서 발병하며 무증상부터 높은 폐사율까지 다양하게 초래하며 소화기, 호흡기 및 신경계에 걸쳐 증상이 나타나는 급성 전염병

③ 광견병 바이러스가 매개하는 감염증

④ 소, 돼지, 양, 염소, 사슴 등 우제류(偶蹄類)에서 발병하며 급격한 체온상승과 입, 혀, 유두 및 지간부와 제간부의 수포형성이 특징으로 식욕이 저하되어 심하게 앓거나 폐사되는 급성 바이러스 전염병

해설) ② 조류인플루엔자, ③ 광견병, ④ 구제역에 대한 설명이다.

15 도로에 설치된 아래 표지판과 가장 밀접하게 관련된 것은?

야생동물주의

① 환경부장관이 지정한 야생생물 특별보호구역을 나타내는 도로 표지판

② 시·도지사나 시장·군수·구청장이 지정한 야생동물 보호구역을 나타내는 도로 표지판

③ 로드킬(Road Kill) 예방을 위한 도로 표지판

④ 수렵이 금지된 구역을 나타내는 도로 표지판

해설) 로드킬(Road Kill) : 야생동물이 먹이를 구하거나 이동을 위해 도로에 갑자기 뛰어들어 횡단하다 차에 치여 폐사하는 야생동물이 많아진다.

16 수렵면허에 대한 내용 중 옳지 않은 것은?

① 수렵강습을 받은 후 면허증이 발급된다.

② 수렵 시 항상 휴대해야 한다.

③ 한번 발급받은 면허는 취소할 수 없다.

④ 총기를 사용할 수 있는 면허는 1종 면허이다.

해설) **수렵면허의 취소·정지(법 제49조)** : 시장·군수·구청장은 수렵면허를 받은 사람이 다음에 해당하는 경우에는 수렵면허를 취소하거나 1년 이내의 범위에서 기간을 정하여 그 수렵면허의 효력을 정지할 수 있다.

17 수렵면허증을 지니지 않고 수렵을 하게 될 경우 받는 처벌은?

① 1년 이하의 징역　　　　　② 500만 원 이하의 과태료

③ 2년 이하의 징역　　　　　④ 100만 원 이하의 과태료

해설) **100만원 이하의 과태료(법 제73조)** : 수렵면허증을 지니지 아니하고 수렵한 사람, 수렵면허의 취소·정지시 수렵면허증을 반납하지 아니한 사람

18 수렵면허의 취소 · 정지 사유가 아닌 것은?

① 거짓이나 그 밖의 부정한 방법으로 수렵면허를 받은 경우

② 수렵 중 고의 또는 과실로 다른 사람의 생명 · 신체 또는 재산에 피해를 준 경우

③ 수렵 도구를 이용하여 범죄행위를 한 경우

④ 수렵면허증을 잃어버리거나 손상되어 못 쓰게 된 경우

해설) **수렵면허의 신청 및 갱신(시행규칙 제52조)** : 수렵면허증을 잃어버렸거나 손상되어 못 쓰게 되었을 때에는 환경부령으로 정하는 바에 따라 재발급받아야 한다.

19 수렵면허취득과 관련하여 다음 중 옳은 것은?

① 수렵면허시험에 합격하여 수렵면허증을 발급받으면 자동으로 총포의 소지가 가능하다.

② 총기 외의 수렵도구를 사용하는 2종 수렵면허는 별도의 시험 없이 수렵 강습만 이수하면 된다.

③ 수렵 강습은 총 4과목이며 각각 10시간씩 강습을 받아야 한다.

④ 수렵 강습을 받으려는 사람은 수렵면허시험 합격증을 발급받은 날로부터 5년 이내에 수강신청을 해야 한다.

해설) **수렵 강습(법 제47조)** : 수렵면허를 받으려는 사람은 수렵면허시험에 합격(합격증을 발급받은 날부터 5년 이내)한 후 환경부령으로 정하는 바에 따라 환경부장관이 지정하는 전문기관(수렵강습기관)에서 수렵의 역사·문화, 수렵 시 지켜야 할 안전수칙 등에 관한 강습을 받아야 한다.

ANSWER　／　13 ①　14 ①　15 ③　16 ③　17 ④　18 ④　19 ④

20 유해야생동물의 포획허가 및 관리 등의 법적 사항으로 잘못된 것은?

① 유해야생동물을 포획하려는 자는 시장·군수·구청장의 허가를 받아야 한다.

② 시장·군수·구청장은 유해야생동물 포획허가를 신청한 자의 요청이 있어도 수렵면허를 받고 수렵보험에 가입한 사람에게 포획을 대행할 수 없다.

③ 시장·군수·구청장은 유해야생동물 포획허가를 하였을 때에는 지체 없이 산림청장 또는 그 밖의 관계 행정기관의 장에게 그 사실을 통보하여야 한다.

④ 유해야생동물을 포획한 자는 유해야생동물의 포획결과를 시장·군수·구청장에게 신고하여야 한다.

> 해설) **유해야생동물의 포획허가 및 관리(법 제23조)** : 시장·군수·구청장은 허가를 신청한 자의 요청이 있으면 수렵면허를 받고 수렵보험에 가입한 사람에게 포획을 대행하게 할 수 있다. 이 경우 포획을 대행하는 사람은 허가를 받은 것으로 본다.

2 야생동물의 보호·관리

21 야생동물이 걸리는 병 중 사람이 걸릴 수 있는 병도 있다. 이 병을 무엇이라 하는가?

① 인수(人獸)공통감염병   ② 풍토병

③ 유행병   ④ 감염병

> 해설) **인수공통감염병** : 동물과 사람 간에 서로 전파되는 병원체에 의하여 발생되는 감염병 중 보건복지부장관이 고시하는 감염병

22 다음 중 수렵 가능한 야생동물은 무엇인가?

① 저어새(여름)   ② 갈까마귀(수컷)

③ 참수리   ④ 청다리도요사촌(겨울)

> 해설) **수렵 가능한 야생동물**
> • 포유류(3종) : 멧돼지, 고라니, 청설모
> • 조류(13종) : 꿩(수꿩), 멧비둘기, 까마귀, 갈까마귀. 떼까마귀, 쇠오리, 청둥오리, 홍머리오리, 고방오리, 흰뺨검둥오리, 까치, 어치, 참새

23 야생동물의 서식요소로 은신처에 대한 설명으로 틀린 것은?

① 조류에게 있어 둥지와 휴식장소는 생존에 필수적이다.

② 은신처는 날씨 또는 포식자와 같은 위협요인으로부터 야생동물을 지켜준다.

③ 은신처는 반드시 먹이와 물을 쉽게 얻을 수 있는 환경이어야 한다.

④ 야생동물의 서식밀도에 영향을 줄 수 있다.

해설) 은신처는 야생동물이 한서, 풍설, 이슬, 해적 등의 활동에 적당하지 않은 환경 조건을 피하여 휴면이나 피난을 하는 장소이다.

24 고라니에 대한 설명으로 틀린 것은 무엇인가?

① 갈대밭, 관목이 우거진 곳에서 서식한다.

② 몸길이 50~200cm, 몸무게 5~30kg 이다.

③ 견치(송곳니)는 암수 모두에게 있다.

④ 암컷의 견치(송곳니)는 수컷보다 좀 더 작다.

해설) **고라니**
* 갈대밭, 관목이 우거진 곳에서 서식한다.
* 견치(송곳니)는 암수 모두에게 있다.
* 교미시기는 11월~1월로 5월~7월 한 번에 1~3마리의 새끼를 출산한다.
* 노루보다 몸집이 작고, 머리에 뿔이 없다.
* 털이 거칠고 초식성이며, 엉덩이에 흰색 반점도 없다.

25 다음 중 환경부장관이 고시한 멸종위기에 처한 야생동물이 아닌 것은 무엇인가?

① 떼까마귀

② 호사비오리(수컷)

③ 흰죽지수리

④ 항라머리검독수리

해설) **멸종위기 야생생물**
* 멸종위기 야생생물 Ⅰ급 조류 : 호사비오리
* 멸종위기 야생생물 Ⅱ급 조류 : 항라머리검독수리, 흰죽지수리

ANSWER / 20 ② 21 ① 22 ② 23 ③ 24 ② 25 ①

26 다음 중 여름철새가 아닌 것은?

① 꾀꼬리   ② 뜸부기

③ 파랑새   ④ 멧비둘기

해설) **여름철새** : 뻐꾸기, 파랑새, 꾀꼬리, 제비, 뜸부기, 솔부엉이, 호랑지빠귀, 쏙독새, 팔색조 등

27 죽거나 병든 야생동물 발견시 적절하지 않은 방법은?

① 발견한 지역을 관할하는 유역환경청이나 지방환경청, 또는 관할 시·군·구 환경부
서에 유선, 서면 또는 전자문서로 신고한다.

② 일단 야생동물을 직접 만져보고 확인해야 한다.

③ 최초 발견지점에서 육안으로 확인 가능한 범위 안의 죽거나 병에 걸린 야생동물에
대하여 모두 신고해야 한다.

④ 발견장소, 야생동물의 종류와 마리 수, 의심되는 질병명, 질병의 원인을 추측할 수
있는 주변 정황 등 파악 가능한 사항들을 최대한 알려주어야 한다.

해설) **감염병 예방책**
• 야외활동 시 가급적 야생동물과의 접촉을 피하는 것이 좋다.
• 풀밭에나 숲에 피부가 직접 닿지 않도록 주의한다.

28 다음 중 전주 등 전력시설에 피해를 주는 유해야생동물로 지정된 동물은 무엇인가?

① 까치   ② 참새

③ 어치   ④ 멧비둘기

해설) **까치** : 한국의 전역에서 번식하는 흔한 텃새로 식성은 잡식성이며, 전주 등 전력시설에 피해를 준다.

29 도로 증가에 따른 서식환경의 변화가 야생동물에 미치는 영향으로 보기 힘든 것은?

① 차량 충돌에 의한 폐사율이 증가

② 서식지 단절에 따른 개체군 고립화의 가속

③ 생물다양성 감소 및 유전형질의 단순화

④ 통행하는 차량에 의한 소음, 진동, 빛 등의 자극에 의한 번식률 증가

해설 도로 증가로 인한 야생동물의 고립
- 야생동물의 통행을 방해하여 서식지 단절, 개체군 고립화를 발생시킨다.
- 차량 통행의 소음과 인기척으로 인해 야생동물이 스트레스를 받게 된다.

30 다음 중 수렵가능한 포유류는 무엇인가?

①

②

③

④

해설 수렵 가능한 야생동물 중 포유류(3종) : 멧돼지, 고라니, 청설모

31 다음 중 수렵하면 안 되는 포유류는?

① 멧돼지　　　　　　　　　② 고라니
③ 너구리　　　　　　　　　④ 청설모

해설 수렵 불가능한 야생동물
- 포유류 사례 : 스라소니, 반달가슴곰, 너구리 등
- 조류 사례 : 꿩(암컷), 넓적부리도요, 검은머리촉새, 흰이마기러기, 팔색조, 큰덤불해오라기(암컷), 큰기러기 등

32 야생동물을 보호하기 위한 일과 거리가 먼 것을 고르시오.

① 댐을 설치한다.　　　　　② 인공새집을 설치한다.
③ 도토리의 채집을 하지 않는다.　④ 밀렵행위를 신고한다.

해설 합리적인 야생동물 보호를 위한 행동
- 야생조류의 번식 및 은신처가 되는 인공새집을 설치해 준다.
- 불법 포획한 야생동물을 거래하지 않는다.
- 야생동물의 먹이가 되는 도토리, 산딸기 등의 종자를 채집하지 않는다.
- 야생동물의 새끼들을 발견했을 경우 근처에 어미가 있을 확률이 높으므로 멀리서 어미가 오는지 지켜본다.

33 비둘기 중 매우 희귀한 텃새로 남해 도서지방, 구례 화엄사 등에서 서식하기도 하는 종은?

① 집비둘기   ② 멧비둘기

③ 염주비둘기   ④ 양비둘기(낭비둘기)

해설) 양비둘기(낭비둘기)는 한국에서는 제주도와 거제도 등 섬을 포함한 전역에서 번식하는 텃새이다.

34 개체수의 급감 또는 절멸로 복원을 시도 중인 종은 무엇인가?

① 무당새

② 멧비둘기

③ 따오기(암컷)

④ 까마귀

해설) 개체수의 급감 또는 절멸로 복원을 시도 중인 종
- 포유류 : 반달가슴곰, 여우
- 조류 : 따오기, 황새

35 수렵용 총탄에 사용되는 중금속으로서 이를 먹었을 경우 꿩이나 오리류, 맹금류 등의 야생동물에게 2차적인 위해를 끼치는 대표적인 중금속은 다음 중 무엇인가?

① 금   ② 니켈

③ 수은   ④ 납

해설) 엽탄은 납 또는 철로 만든 작은 알맹이로 입자가 작을수록 명중률이 높다. 납은 호흡기로 들어오거나 먹으면 혈류로 들어와 뼈 같은 몸의 여러 조직에 저장된다.

36 다음 중 멸종위기종 야생생물 I급으로 지정된 동물은 무엇인가?

①

②

③

④

해설) **멸종위기 야생생물 I급 포유류(시행규칙 [별표 1])** : 늑대, 대륙사슴, 반달가슴곰, 붉은박쥐, 사향노루, 산양, 수달, 스라소니, 여우, 작은관코박쥐, 표범, 호랑이

37 다음 중 유해야생동물이 아닌 것은?

① 장기간에 걸쳐 무리를 지어 농작물에 피해를 주는 참새, 까치 등

② 국부적으로 서식밀도가 과밀하여 농·림·수산업에 피해를 주는 꿩, 멧비둘기, 고라니, 멧돼지 등

③ 인가 주변에 출현하여 인명·가축에 위해발생의 우려가 있는 멸종위기야생동물

④ 비행장 주변에 출현하여 항공기 또는 특수건조물에 피해를 주는 조수류

해설) **유해야생동물의 종류(시행규칙 [별표 3])**
• 장기간에 걸쳐 무리를 지어 농작물 또는 과수에 피해를 주는 참새, 까치, 어치, 직박구리, 까마귀, 갈까마귀, 떼까마귀
• 일부 지역에 서식밀도가 너무 높아 농·림·수산업에 피해를 주는 꿩, 멧비둘기, 고라니, 멧돼지, 청설모, 두더지, 쥐류 및 오리류(오리류 중 원앙이, 원앙사촌, 황오리, 알락쇠오리, 호사비오리, 뿔쇠오리, 붉은가슴흰죽지는 제외)
• 비행장 주변에 출현하여 항공기 또는 특수건조물에 피해를 주거나, 군 작전에 지장을 주는 조수류(멸종위기 야생동물은 제외)

38 인수공통감염병이 아닌 것은?

① 렙토스피라증　　　　　　　② 탄저병

③ 결핵　　　　　　　　　　　④ 소아마비

해설) **인수공통감염병의 종류** : 장출혈성대장균감염증(O-157), 일본뇌염, 브루셀라증, 탄저, 공수병(광견병), 조류인플루엔자 인체감염증, 중증급성호흡기증후군(SARS), 변종 크로이츠펠드-야콥병(vCJD), 큐열(Q-fever), 결핵 등

39 멧돼지에 대한 설명 중 틀린 것은 무엇인가?

① 털은 회백색이나 갈색, 검은색이다.

② 어린 개체는 담황색의 세로무늬가 있다.

③ 견치(송곳니)가 날카로워 싸움할 때는 큰 무기가 된다.

④ 멧돼지는 초식성이다.

해설) 멧돼지는 대체로 잡식성의 식성을 갖고 있다.

40 다음 중 수렵 동물로 지정되어 있지 않은 동물은?

① 멧돼지　　　　　　　　　　② 고라니

③ 청설모　　　　　　　　　　④ 다람쥐

ANSWER / 33 ④　34 ③　35 ④　36 ②　37 ③　38 ④　39 ④　40 ④

3 수렵도구의 사용 방법

41 2종 수렵면허로 수렵할 수 없는 동물은?

① 참새   ② 고라니

③ 꿩   ④ 말똥가리

> **해설** **제2종 수렵면허** : 총기 외의 수렵 도구(그물, 활)를 사용하는 수렵

42 다음 중 2종 수렵도구 중 석궁을 제외한 소지자가 지켜야 할 안전수칙이라고 볼 수 없는 것은?

① 일출 후부터 일몰 전까지만 수렵을 하여야 한다.

② 수렵 도구는 반드시 경찰관서에 보관하여야 한다.

③ 수렵장 내에서는 2인 1조 수렵을 하여야 한다.

④ 수렵면허증을 소지하고 수렵보험에 가입하여야 한다.

> **해설** 석궁사냥(2종 수렵면허증)만 총기와 마찬가지로 허가권자가 지정하는 장소에 석궁을 보관하여야 한다.

43 국궁 사용 시 자세와 동작을 8단계로 구분하여 물 흐르듯이 이어지는 동작을 취해야만 활을 정확하게 사용할 수 있다. 8단계의 올바른 순서는?

① 발 디딤 → 몸가짐 → 살 먹이기 → 밀며 당기기 → 들어올리기 → 만작 → 발사 → 잔신

② 발 디딤 → 몸가짐 → 살 먹이기 → 들어올리기 → 밀며 당기기 → 만작 → 발사 → 잔신

③ 잔신 → 발 디딤 → 몸가짐 → 살 먹이기 → 들어올리기 → 밀며 당기기 → 만작 → 발사

④ 발 디딤 → 잔신 → 살 먹이기 → 들어올리기 → 밀며 당기기 → 만작 → 발사 → 몸가짐

> **해설** **국궁 사용 8단계** : 발 디딤 → 몸가짐 → 살 먹이기 → 들어올리기 → 밀며 당기기 → 만작 → 발사 → 잔신

44 A는 2종 수렵도구를 구입 후 포획승인을 받아 활사냥을 하였다. 다음 사냥 중 위법행위가 아닌 것은?

① 도심 주말농장에 해를 끼친 야생동물을 향해 사격한 경우

② 동행한 친구에게 활을 빌려 주어 수렵을 하게 한 경우

③ 기상 이변으로 비와 눈이 동시에 내림에도 수렵한 경우

④ 야생동물을 추격 중 허가 지역을 이탈하여 포획한 경우

45 그물 설치 방법 중 잘못된 것은?

① 그물 양쪽 끝의 고리는 아래쪽부터 끼운다.

② 그물에는 위장용 낙엽을 붙인다.

③ 주변 나뭇가지에 걸리지 않도록 펼친다.

④ 설치 역순으로 거둔다.

> 해설) **그물 설치 방법**
> • 설치 장소 주변의 낙엽은 제거 한다.
> • 그물 양쪽 끝의 고리는 아래쪽부터 끼운다.
> • 주변 나뭇가지에 걸리지 않도록 펼친다.
> • 양쪽 고리는 30~50cm 간격으로 펼쳐 그물주머니를 만든다.
> • 그물 설치가 끝나면 그물주머니는 한쪽방향이 되도록 한다.
> • 그물에 걸린 참새는 날개 → 다리 → 머리순으로 꺼내야 한다.

46 석궁으로 수렵 조수를 포획하려고 한다. 잘못된 것은?

① 총기와 동일한 방법으로 경찰서장의 소지허가를 받아야만 사용할 수 있다.

② 2종 수렵면허증을 소지하여야 한다.

③ 수렵 동물 중 고라니와 꿩만 포획이 가능하다.

④ 비, 눈, 강풍 시에는 수렵을 중지하여야 한다.

47 그물을 사용할 때 주의 사항이 아닌 것은?

① 그물은 설치 후 매시간 점검한다.

② 그물 주위에 나뭇가지 등을 제거하여 그물이 꼬이지 않게 한다.

③ 다른 새를 유인하기 위하여 미끼 새를 반드시 사용한다.

④ 비, 안개 등으로 젖게 되면 그물이 상하므로 충분히 말린다.

> 해설) **그물 설치 시 주의사항**
> • 조류는 참새만 포획(꿩의 경우 방사)하여야 한다.
> • 매시간 점검을 하여 다른 동물 포획여부를 확인하여야 한다.
> • 그물은 일출 후 설치하고 설치한 그물은 일몰 전에 반드시 거두어야 한다.
> • 비, 눈 등 기상변화 있을 때에는 그물을 즉시 걷어야 한다.
> • 2인 1조로 설치하고, 1시간에 1회 점검을 하여야 한다.
> • 그물 설치 시간은 총기 사용시간과 같다.
> • 야생동물이 이동하는 통로에는 설치하지 않아야 한다.
> • 참새가 많이 모인 전기 줄에 설치해서는 안 된다.

48　수렵도구 중 활의 사용법 숙지 목적 중 가장 중요한 것은?

① 야생동물의 보호

② 수렵도구의 사용 능력 배양

③ 안전사고 예방

④ 수렵 동물의 포획

> 해설) **활의 사용법 숙지 목적** : 안전사고 예방, 생명과 재산 보호, 수렵에 관한 규정 준수

49　다음 내용 중 틀린 문장을 고르시오.

① 1종 수렵면허자는 공기총을 사용하여 사냥할 수 있다.

② 2종 수렵면허자는 활을 사용하여 사냥할 수 있다.

③ 2종 수렵면허자는 올무와 창애를 사용하여 사냥할 수 있다.

④ 2종 수렵면허자는 새그물을 사용하여 사냥할 수 있다.

> 해설) **야생생물의 포획·채취 금지(법 제19조)** : 누구든지 야생생물을 포획·채취하거나 죽이기 위하여 다음에 해당하는 행위를 하여서는 아니 된다(포획·채취 또는 죽이는 방법을 정하여 허가를 받은 경우 등 환경부령으로 정하는 경우에는 예외).
> • 폭발물, 덫, 창애, 올무, 함정, 전류 및 그물의 설치 또는 사용
> • 유독물, 농약 및 이와 유사한 물질의 살포 또는 주입

50　다음은 활사냥의 안전수칙에 대한 설명이다. 틀린 문장을 고르시오.

① 많은 수렵인 동호회원과 함께 사냥 하지 않는다.

② 수렵 전에 지형지물과 기후 변화여부 점검한다.

③ 날아가는 조류를 향하여 쏘지 않는다.

④ 수렵 동물 포획방법 중 이동사격이 가장 중요한 요소이다.

> 해설) 움직이는 수류를 발견하면 사격을 중지하고 멈출 때까지 기다린 후 사격한다.

51　사냥 시 수렵인이 반드시 지켜야할 안전수칙이다. 올바른 것은?

① 수렵인의 체형에 맞도록 구조를 변경하였다.

② 적중률을 향상시키기 위해 조준경을 부착하였다.

③ 장비점검을 생활화 하는 등 사전 점검을 하였다.

④ 장전되지 않은 상태로 사람을 향해 조준하였다.

> 해설) 본인의 뜻대로 활을 개조하거나 구조변경을 하지 않는다. 활에 전기장치(액티베이터 등)나 망원조준경을 부착할 수 없다. 장전되지 않은 상태에서도 사람을 향해 조준하여서는 안 된다.

52 다음 중 궁도에 벗어난 행위는?

① 어린 새끼를 포획하지 않는다.
② 연습장 등을 이용해 자신의 실력을 배양한다.
③ 마음을 가다듬고 심신수련 등 정신수양을 한다.
④ 배짱과 자신감을 갖고 많은 동물을 포획한다.

53 활은 사냥용으로 사용하다 전쟁 등 무기로 사용되기도 하였다. 다음 중 세계 3종 활에 해당되는 것을 고르시오.

① 단순궁, 강화궁, 합성궁
② 단순궁, 양궁, 맥궁
③ 각궁, 노궁, 만곡궁
④ 단순궁, 합성궁, 반곡궁

해설〉 **활의 출현시기와 종류**
• 활이 우리나라에 출현한 시기 : 후기 구석기시대
• 세계 3종 활 : 단순궁, 강화궁, 합성궁

54 A는 2종 수렵면허를 취득한 자로 야생동물의 통로에 함정을 설치하여 고라니 2마리를 포획한 후 인근 식당 주인 B에게 20만원을 받고 판매하였고 B는 이와 같은 사실을 알면서도 이를 구매 후 조리하여 판매를 하였다. 두 사람에 대한 처벌은?

① A와 B 모두 형사입건 및 압류처분
② A와 B 모두 행정처분 및 폐기처분
③ A는 수렵면허 취소, B는 영업장 폐쇄 처분
④ A는 갱신허가 불허, B는 영업정지 처분

해설〉 폭발물, 덫, 창애, 올무, 함정, 전류 및 그물의 설치 또는 사용하여 야생생물을 포획·채취하거나 죽여서는 안된다.

55 다음 중 소지허가를 받지 않고 사용할 수 있는 수렵 도구는?

① 엽총과 창애
② 공기총과 포획틀
③ 석궁과 올무
④ 활과 그물

해설〉 **제2종 수렵면허** : 총기 외의 수렵 도구(그물, 활)를 사용하는 수렵

56 화살의 중량과 길이를 선택하는 기준이 아닌 것은?

① 궁사의 체격　　　　　　　　② 궁사의 팔 길이

③ 활의 강도　　　　　　　　　④ 활의 크기

해설) 화살의 길이는 궁사의 팔 길이와 일치하는 것을 고른다.

57 활 및 화살에 대한 설명 중 틀린 것은?

① 활을 쏘았을 때 화살은 보통 200~300m 이상을 날아간다.

② 화살의 비행속도는 시속 200km 정도이다.

③ 활의 관통력은 30m이내에서 1mm 정도 두께의 철판을 뚫을 수 있다.

④ 낙하하는 화살은 힘이 약하여 사람에게 피해를 끼치지 않는다.

해설) 절대로 사람이 있는 방향이나 의심가는 방향에 화살을 향하는 것은 금지 된다.

58 우리 선조들은 활을 사용함에 있어서 도(道)를 가장 중요시하였다. 다음 중 새끼를 밴 짐승과 어린새끼, 새끼가 달린 짐승을 포획하여서는 안 된다는 수렵인의 마음 자세를 가리키는 윤리규범은?

① 仁(인)　　　　　　　　　　② 義(의)

③ 藝(예)　　　　　　　　　　④ 志(지)

59 활사냥의 특징이 아닌 것은?

① 화살을 장전하고 동물을 쫓아가면서 사냥해야 많이 잡을 수 있다.

② 활사냥은 야생동물에게 가까이 접근해야 한다.

③ 활사냥은 야생동물의 생태적 특성을 파악해야 가능하다.

④ 활사냥은 접근기술을 습득하는 것이 중요하다.

해설) 의심스런 동물 발견 시에는 도망가더라도 확인 시까지 기다려야 한다.

60 A는 수렵 해제 지역에서 2종 수렵 도구를 이용하여 수렵을 하고자 한다. 이때 갖추어야 할 요건이 아닌 것은?

① 야생동물 포획승인　　　　　② 유해조수구제 허가

③ 2종 수렵면허증　　　　　　④ 석궁 또는 그물

61 수렵총기 소지허가를 받은 경우 현행 법령상 허가 갱신기간으로 올바른 것은?

① 5년   ② 3년
③ 4년   ④ 2년.

해설) **총포·도검·화약류 등의 안전관리에 관한 법률 제16조(총포 소지허가의 갱신)** : 관련법에 따라 총포의 소지허가를 받은 자는 허가를 받은 날부터 3년마다 이를 갱신하여야 한다.

62 총포 관련법상 총기를 운반하는 방법에 대한 규정으로 맞는 것은?

① 총을 차량 트렁크에 넣어 운반
② 손쉽게 분리 가능한 부품(노리쇠뭉치, 탄창 등)을 분리운반
③ 총기를 총집에 넣어 운반
④ 총기를 항상 잘 보이도록 그냥 운반

해설) 총포·도검·화약류 등의 안전관리에 관한 법률 제17조(총포·도검·분사기·전자충격기·석궁의 휴대·운반·사용 및 개조 등의 제한) : 관련법에 따라 총포의 소지허가를 받은 자는 그 총포를 총집에 넣거나 포장하여 보관·휴대 또는 운반하여야 하며, 보관·휴대 또는 운반 시 그 총포에 실탄이나 공포탄을 장전하여서는 아니 된다.

63 수렵장 밖에 있는 밭의 곡식을 먹고 있는 참새를 잡아달라는 요청을 받은 경우 올바른 선택은?

① 수렵장 밖이므로 요청을 거부해야 한다.
② 주인의 요청이 있으므로 참새를 포획한다.
③ 참새를 쫓기 위해 밭에 공포를 발사한다.
④ 수렵장 안에서 밖에 있는 참새를 향하여 실탄을 발사한다.

해설) 누구든지 수렵장 외의 장소에서 수렵을 하여서는 아니 된다.

64 수렵장에서 총기를 사용하는 방법으로 가장 올바른 것은?

① 포획허가 받은 동물을 정해진 수량만 포획
② 수렵을 하기 전에 수렵장 밖에서 연습사격
③ 총기는 항상 사격이 가능하도록 장전상태 유지
④ 총기를 소지할 때에는 총구를 수평으로 유지

ANSWER / 56 ④ 57 ④ 58 ① 59 ① 60 ② 61 ② 62 ③ 63 ① 64 ①

65 수렵을 하려는 A씨는 엽총을 사기 전에 엽총을 소지하고 있는 B씨로부터 산탄을 양도받아 소지하고 있다. 총기 관련법에 따른 위법 여부의 설명으로 올바른 것은?

① A씨와 B씨 모두 위법행위를 하였다.
② A씨는 위법이나 B씨는 위법이 아니다.
③ A씨와 B씨 모두 위법행위가 아니다.
④ A씨는 위법이 아니나 B씨는 위법이다.

66 수렵기간이 종료되었을 때 총기 보관장소로 가장 올바른 것은?

① 허가관청이 지정하는 장소
② 수렵지 경찰서 관내 파출소 또는 지구대
③ 주소지 인근 경찰관서
④ 수렵지 관할 경찰관서

> 해설) **총포·도검·화약류 등의 안전관리에 관한 법률 제14조의2(총포의 보관)** : 총포의 소지허가를 받은 자는 총포와 그 실탄 또는 공포탄을 허가관청이 지정하는 곳에 보관하여야 한다.

67 수렵인 A씨는 수렵장에서 엽총을 습득하였다. 이때 A씨가 해야 하는 조치로 가장 바르게 설명한 것은?

① 집으로 가지고 돌아와 수소문하여 주인을 찾는다.
② 24시간 이내에 가까운 경찰 파출소에 신고한다.
③ 총포사에 주인을 찾도록 맡긴다.
④ 수렵장 관할 군청에 신고한다.

> 해설) **총포·도검·화약류 등의 안전관리에 관한 법률 제23조(발견·습득의 신고 등)** : 누구든지 유실·매몰 또는 정당하게 관리되고 있지 아니하는 총포·도검·화약류·분사기·전자충격기·석궁이라고 인정되는 물건을 발견하거나 습득하였을 때에는 24시간 이내에 가까운 경찰관서에 신고하여야 한다.

68 총포 · 도검 · 화약류 등의 안전관리에 관한 법률상 총포소지허가 취소사유에 해당하지 않는 것은?

① 총기고장
② 총기 도난 신고 후 30일 경과
③ 총기 분실 신고 후 30일 경과
④ 총기소지허가 결격사유 발생

> 해설) **총포·도검·화약류 등의 안전관리에 관한 법률 제46조(총포 등의 소지허가를 받은 자 등에 대한 행정처분 중 취소사유)**
> • 소지자의 결격사유에 해당하게 된 경우
> • 제17조제1항·제2항 또는 제4항을 위반한 경우
> • 총포·도검·화약류·분사기·전자충격기·석궁을 도난당하거나 분실하여 경찰관서에 신고한 후 30일이 지난 경우
> • 이 법 또는 이 법에 따른 명령을 위반한 경우

69 수렵인으로서 동물 포획 시 지켜야 행동양식으로 가장 적절하지 않은 것은?

① 수면위에 있는 조류는 사격을 하지 않는다.

② 달아나는 동물은 무리하게 추격하지 말아야 한다.

③ 새끼를 거느린 어미동물을 포획하지 않는다.

④ 부상당한 동물의 고통을 덜어주지 않아도 된다.

70 수렵 중 안전사고 예방에 관한 설명으로 가장 올바르지 않은 것은?

① 넘어질 때 총기로 땅을 짚으면 오발의 위험이 있다.

② 총구는 어떠한 경우에도 사람을 향해서는 안 된다.

③ 안전성을 높이기 위해서는 수평사격이 가장 좋다.

④ 안전장치는 무의식적으로 방아쇠를 당기는 실수를 막을 수 있다.

해설) 사격전에는 어떤 경우에도 총기를 수평으로 유지하여서는 안 된다.

71 수렵시에 반드시 착용해야 하는 복장과 색상을 바르게 설명한 것은?

① 주황색 조끼   ② 빨간색 조끼

③ 얼룩무늬 군복   ④ 노란색 조끼

해설) **수렵 조끼 색상 · 크기 세부사항**
- 수렵용 조끼의 색깔은 지정된 색상표에 따른 수치값에 해당하는 주황색으로 한다.
- 수렵용 총포 소지자임을 잘 알아볼 수 있도록 조끼의 뒷면에 자수 또는 인쇄 등의 방법으로 "수렵"이라는 단어를 검정색 글씨로 명시하여야 한다.

72 뱀에 물렸을 때의 응급처치에 관한 설명이다. 이중 가장 먼저 해야 할 조치는?

① 상처 절개   ② 상처를 심장보다 낮게

③ 냉찜질   ④ 깨끗이 소독

해설) **뱀에 물렸을 때 응급처치법**
- 가장 먼저 상처를 심장보다 낮게 한다.
- 환자를 안정시키고 최대한 움직이지 않게 한다.
- 상처부위에서 몸에 가까운 쪽을 압박한다.
- 상처부위를 비눗물로 깨끗이 씻는다.
- 뱀에 대한 정보를 확인한다.

ANSWER / 65 ① 66 ① 67 ② 68 ① 69 ④ 70 ③ 71 ① 72 ②

73 다음 중 독극물 복용환자의 처치요령으로 가장 올바르지 아니한 것은?

① 농약 등 독극물이 눈, 피부에 묻었을 경우에는 신속히 씻어낸다.
② 농약 등 독극물을 삼켰을 경우 구토를 유발시킨다.
③ 독극물을 삼켜 호흡곤란 징후가 보이면 산소를 공급한다.
④ 복용한 독극물은 땅에 묻고 신속하게 병원으로 이송한다.

해설 **독극물 복용환자의 처치요령**
• 농약 등 독극물이 눈, 피부에 묻었을 경우에는 신속히 씻어낸다.
• 농약 등 독극물을 삼켰을 경우 구토를 유발시킨다.
• 독극물을 삼켜 호흡곤란 징후가 보이면 산소를 공급한다.
• 장갑을 낀 손으로 환자의 입안의 약물을 제거한다.
• 기도가 개방되었는지 확인한다.

74 의식이 없는 응급환자의 상태를 확인하는 요령으로 적절하지 아니한 것은?

① 기도가 열려있는지를 확인한다.　② 숨을 쉬고 있는지를 확인한다.
③ 몸에 상처가 있는지를 확인한다.　④ 심한 출혈이 있는지를 확인한다.

해설 **응급환자에 대한 위험진단 항목**
• 호흡 : 숨을 편안하게 쉬고 있는지 여부
• 맥박 : 심장의 박동여부
• 의식 : 심한 출혈이 있는지를 확인, 기도가 열려있는지를 확인

75 다음 중 응급환자에 대한 인공호흡 요령 설명으로 가장 올바르지 않은 것은?

① 머리를 뒤로 젖히고 턱을 들어 올린다.
② 인공호흡을 하는 동안 구조자는 숨을 참는다.
③ 불어넣는 사이에 구조자는 호흡을 한다.
④ 환자의 코에 구조자의 귀를 대고 가슴의 오르내림을 지켜본다.

해설 **인공호흡 방법**
• 대상자의 코를 막고 자신의 숨을 들이쉰 상태에서 대상자의 입에 자신의 입을 대고 1초 동안 숨을 불어넣는다.
• 숨을 불어넣은 후에는 입을 떼고 코도 놓아주어서 공기가 배출되도록 한다.
• 가슴압박 동안 인공호흡이 동시에 시행되지 않도록 한다.

76 응급사고 발생 현장에서의 안전조치 요령으로 올바르지 않은 것은?

① 피해자의 부상상태를 확인한다.
② 피해자를 위험지역으로부터 피신시킨다.
③ 구조자는 자신의 위험을 무릅쓰고 헌신적으로 조치한다.
④ 가급적 빨리 구조요청을 한다.

해설 긴박한 상황에서도 구조자 자신의 안전을 최우선으로 한다.

77 심폐소생술에 대한 설명으로 보기 어려운 것은?

① 호흡이 정지된 환자에게 필요한 응급조치이다.

② 심장이 정지된 환자에게 필요한 응급조치이다.

③ 심장을 압박하여 혈액을 순환시키는 응급조치이다.

④ 호흡기를 압박하여 의식을 회복시키는 응급조치이다.

해설 **심폐소생술**
- 호흡이나 심장이 정지된 환자에게 심장을 압박하여 혈액을 순환시키는 응급조치이다.
- 인공호흡이 되지 않을 때는 가슴압박만 실시한다.

78 다음 중 저체온증 환자 발생 시 현장 조치사항으로 적절하지 않은 것은?

① 치명적인 상태(호흡정지, 심장마비) 동반여부를 확인한다.

② 환자의 의식이 없을 경우 따뜻한 음료를 마시게 한다.

③ 필요시 신속하게 구조요청을 한다.

④ 환자의 몸을 건조하고 따뜻하게 한다.

해설 수분보충은 도움이 되나 의식 없는 환자에게 음료수를 억지로 마시도록하면 안되며 신속히 119에 신고하고 병원으로 이송해야 한다.

79 다음은 동상에 대한 처치법이다. 올바르지 않은 것은?

① 정상 체온을 회복하도록 한다.

② 손상 부위의 반지나 악세사리를 제거한다.

③ 상처가 저릴 경우는 정상적인 회복이 진행 중이라고 볼 수 있다.

④ 물집이 생기면 터뜨린 후 말려준다.

해설 심하게 비비거나 긁는 것도 조직 손상을 촉진시키는 행위이므로 삼가도록 한다.

80 수렵장 내 사고현장에 대한 안전관리 요령 중 틀린 것은?

① 피해자를 위험으로부터 보호하거나 피신시킨다.

② 가급적 빨리 구조요청을 한다.

③ 구조자가 1차적으로 모든 일을 처리하려는 생각은 금물이다.

④ 전문구조기술을 습득한 자만이 구조자라 칭한다.

1 수렵에 관한 법령 및 수렵의 절차

01 야생동물에 의한 피해보상이 적용되는 대상자가 아닌 경우는?

① 직접 경작한 농작물의 피해를 입은 농업인

② 산림작물의 재배 중 피해를 입은 임업인

③ 양식중인 수산양식물의 피해를 입은 어업인

④ 수렵 등 야생동물 포획허가를 받아 야생동물 포획활동 중 피해를 입은 경우

> 해설 **피해예방시설 비용의 지원대상자[환경부고시 제2019-59호] 제4조**
> 야생동물로 인한 농업·임업·어업상의 피해를 예방하기 위하여 필요한 시설을 설치하는 농업인·임업인·어업인을 대상으로 한다. 다만, 농림부의 FTA기금 등에 의해 이미 피해예방시설비 지원을 받은 농업인등은 제외한다.

02 수렵동물 포획승인서와 수렵동물 확인표지의 사용방법으로 옳지 않은 것은?

① 수렵동물 포획 후 지체없이 포획한 동물에게 확인표지를 붙일 것

② 승인받은 포획기간, 포획지역, 포획동물, 포획 예정량 등을 지킬 것

③ 포획승인서에 포획한 수렵동물의 종류, 수량 및 포획 장소 등을 적을 것

④ 수렵기간 종료 후 30일 이내에 포획승인서와 미사용 확인표지를 수렵장 설정자에게 반납할 것

> 해설 **포획신고** : 수렵기간 종료 후 15일 이내 포획승인증에 포획동물의 정보(종, 성별, 무게, 포획날짜·장소 등)를 기재하여 남은 확인표지와 함께 포획신고(환경부 수렵장 설정업무 처리지침)

03 2종 수렵면허 소지자가 집 근처 야산에 올라갔다가 꿩을 발견하여 가지고 있던 그물을 사용하여 꿩을 포획하였다. 다음 중 올바른 설명은?

① 2종 수렵면허는 그물의 사용이 가능하므로 꿩을 포획한 것은 문제가 없다.

② 집 근처 야산은 인적이 드물고 야생생물들이 자주 출몰하여 수렵에 문제가 없다.

③ 수렵장 외 수렵금지를 어겼기 때문에 2년 이하의 징역 또는 2천만원 이하의 벌금에 처해진다.

④ 포획한 꿩은 죽이지 않고 집에서 키우기로 하여 문제가 없다.

> 해설 **2년 이하의 징역 또는 2천만원 이하의 벌금(법 제69조)**
> • 수렵장 외의 장소에서 수렵한 사람
> • 수렵동물 외의 동물을 수렵하거나 수렵기간이 아닌 때에 수렵한 사람
> • 수렵면허를 받지 아니하고 수렵한 사람

04 '로드킬(Road Kill)'에 대한 설명으로 가장 적합한 것은?

① 인간이 도로를 횡단하다 죽는 경우를 말한다.

② 야생동물이 먹이를 구하거나 이동을 위해 도로에 갑자기 뛰어들어 횡단하다 차량에 죽는 것을 말한다.

③ 도로에서 차량과 차량이 충돌하여 인간이 죽는 것을 말한다.

④ 자전거를 탄 사람이 도로에서 차량과 충돌하여 죽는 것을 말한다.

해설) '로드킬(Road Kill)'의 원인 : 도로 건설로 인한 서식지 파편화, 무분별한 등산로 개방과 등산객, 산림과 녹지의 훼손, 도토리 등 야생동물 먹이의 무분별한 채취 등

05 포유류에서 '생태계교란 생물'로 지정고시된 생물은?

① 뉴트리아(Myocastor coypus)

② 황소개구리(Rana catesbeiana), 붉은귀거북속 전종(Trachemys spp)

③ 파랑볼우럭(블루길, Lepomis macrochirus)

④ 꽃매미(Lycorma delicatula)

해설) **생태계교란 생물(환경부 고시)**

구분	종명
포유류	뉴트리아
양서류 · 파충류	황소개구리, 붉은귀거북속 전종
어류	파랑볼우럭(블루길), 큰입배스
갑각류	미국가재
곤충류	꽃매미, 붉은불개미, 등검은말벌
식물	돼지풀, 단풍잎돼지풀, 서양등골나물, 털물참새피, 물참새피, 도깨비가지, 애기수영, 가시박, 서양금혼초, 미국쑥부쟁이, 양미역취, 가시상추, 갯줄풀, 영국갯끈풀, 환삼덩굴

06 다음 중 수렵지정 조류로 묶이지 않은 것은?

① 수꿩, 멧비둘기, 까마귀
② 쇠오리, 청둥오리, 어치
③ 참새, 고방오리, 매
④ 떼까마귀, 홍머리오리, 까치

해설) **수렵 가능한 야생동물**
• 조류(13종) : 꿩(수꿩), 멧비둘기, 까마귀, 갈까마귀. 떼까마귀, 쇠오리, 청둥오리, 홍머리오리, 고방오리, 흰뺨검둥오리, 까치, 어치, 참새

ANSWER / 01 ④ 02 ④ 03 ③ 04 ② 05 ① 06 ③

07 유해야생동물의 요건이 아닌 것은?

① 다른 야생동물에게 피해를 줄 것
② 사람의 생명에 피해를 줄 것
③ 재산에 피해를 줄 것
④ 환경부령이 정하는 종일 것

> 해설) **야생생물 보호 및 관리에 관한 법률 제2조(용어의 정의)** : "유해야생동물"이란 사람의 생명이나 재산에 피해를 주는 야생동물로서 환경부령으로 정하는 종을 말한다.

08 사육시설등록자가 사육동물의 관리를 위해 지켜야 할 사항은?

① 사육동물의 자율성을 보장하기 위해 그대로 방치한다.
② 사육동물의 사육과정에서 탈출 · 폐사할 경우 시설을 폐쇄해야 한다.
③ 사육동물로 인한 피해를 막기 위해 감금 및 학대가 가능하다.
④ 사육동물의 특성에 맞는 적절한 장치를 갖추고 동물들이 본연의 기능을 발휘할 수 있도록 유지 · 관리한다.

> 해설) **사육동물의 관리기준(법 제16조의6)** : 사육시설이 사육동물의 특성에 맞는 적절한 장치와 기능을 발휘할 수 있도록 유지·관리할 것

09 멸종위기 야생생물의 지정기준에 해당하는 내용은?

① 개체 또는 개체군 수가 일정 상태를 유지하고 있는 종(種)
② 분포지역이 다양하고 서식지 또는 생육지가 양호한 종(種)
③ 생물의 지속적인 생존 또는 번식에 영향을 주는 자연적, 인위적 요인 등으로 인하여 가까운 장래에 멸종위기에 처할 우려가 있는 종(種)
④ 국민이 관심 있게 지켜보고 있는 종(種)

> 해설) **멸종위기 야생생물 Ⅰ급 지정기준[시행령 제1조의2]**
> • 개체 또는 개체군 수가 적거나 크게 감소하고 있어 멸종위기에 처한 종
> • 분포지역이 매우 한정적이거나 서식지 또는 생육지가 심각하게 훼손됨에 따라 멸종위기에 처한 종
> • 생물의 지속적인 생존 또는 번식에 영향을 주는 자연적 또는 인위적 위협요인 등으로 인하여 멸종위기에 처한 종

10 수렵장 시설 등의 설치기준에 따라 수렵장 설정자가 갖추어야 할 시설 및 설비가 아닌 것은?

① 수렵장 관리소
② 수렵장 안내시설 및 휴게시설
③ 주유소 및 편의점
④ 포획물의 보관 및 처리시설

> 해설) **수렵장설정자 또는 수렵장의 관리·운영을 위탁받은 자가 갖추어야 할 시설·설비(시행규칙 제51조 2항)** : 수렵장 관리소, 안내시설 및 휴게시설, 응급의료시설, 사격연습시설, 야생동물의 인공사육시설(야생동물을 인공사육하여 수렵대상 동물로 사용하는 수렵장만 해당), 포획물의 보관 및 처리시설, 수렵장의 경계표지시설, 안전관리시설

11 「야생생물 보호 및 관리에 관한 법률」 제44조에 따른 수렵면허의 법적 성질은?

① 특 허   ② 허 가

③ 인 가   ④ 면 제

> 해설) **수렵면허(법 제44조)** : 수렵장에서 수렵동물을 수렵하려는 사람은 대통령령으로 정하는 바에 따라 그 주소지를 관할하는 시장·군수·구청장으로부터 수렵면허를 받아야 한다.

12 다음 중 수렵면허의 취소 · 정지 사유로 옳은 것은?

① 멸종위기 야생동물을 포획한 경우

② 수렵면허시험을 통해 수렵면허증을 발급받은 경우

③ 수렵면허가 취소되어 1년이 지난 후 수렵면허시험을 통과한 경우

④ 수렵면허증을 재발급받게 된 경우

> 해설) **수렵면허의 취소·정지(법 제49조)**
> • 규정을 위반하여 멸종위기 야생동물을 포획한 경우 수렵면허의 취소·정지
> • 수렵면허의 취소 또는 정지 처분을 받은 사람은 취소 또는 정지 처분을 받은 날부터 7일 이내에 수렵면허증을 시장·군수·구청장에게 반납하여야 한다.

13 야생생물 보호 및 관리에 관한 법률의 목적이 아닌 것은?

① 야생생물과 그 서식환경을 체계적으로 보호 · 관리함

② 야생생물의 활용을 도모함

③ 생물의 다양성을 증진시킴

④ 사람과 야생생물이 공존하는 건전한 자연환경을 확보함

> 해설) **야생생물 보호 및 관리에 관한 법률의 목적(법 제1조)**
> • 야생생물과 그 서식환경을 체계적으로 보호·관리
> • 야생생물의 멸종을 예방하고, 생물의 다양성을 증진시켜 생태계의 균형을 유지
> • 사람과 야생생물이 공존하는 건전한 자연환경을 확보

14 수렵 가능한 야생동물에 해당하지 않는 것은?

① 고라니   ② 멧돼지

③ 바다표범   ④ 까치

> 해설) **수렵 가능한 야생동물**
> • 포유류(3종) : 멧돼지, 고라니, 청설모
> • 조류(13종) : 꿩(수꿩), 멧비둘기, 까마귀, 갈까마귀. 떼까마귀, 쇠오리, 청둥오리, 홍머리오리, 고방오리, 흰뺨검둥오리, 까치, 어치, 참새

ANSWER   /   07 ①   08 ④   09 ③   10 ③   11 ②   12 ①   13 ②   14 ③

15 수렵면허는 몇 년마다 갱신하여야 하는가?

① 2년
② 3년
③ 5년
④ 7년

> **해설** **수렵면허(법 제44조)** : 수렵면허를 받은 사람은 환경부령으로 정하는 바에 따라 5년마다 수렵면허를 갱신하여야 한다.

16 수렵장에서 수렵할 수 있는 야생동물의 지정 권한을 가진 사람은?

① 시 · 도지사
② 구청장
③ 군수
④ 환경부장관

> **해설** **수렵동물의 지정(법 제43조)** : 환경부장관은 수렵장에서 수렵할 수 있는 야생동물(수렵동물)의 종류를 지정·고시하여야 한다.

17 야생동물의 질병연구 및 구조 · 치료에 대한 설명으로 옳지 않은 것은?

① 환경부장관 및 시 · 도지사는 야생동물의 질병연구 및 구조 · 치료를 위하여 환경부령으로 정하는 바에 따라 관련기관 또는 단체를 치료기관으로 지정할 수 있다.
② 지정된 야생동물 치료기관의 야생동물 질병연구 및 구조 · 치료 활동에 드는 비용은 전액 자체 부담하여야 한다.
③ 야생동물 치료기관의 지정기준 및 지정서 발급은 환경부령으로 정한다.
④ 야생동물의 질병연구와 조난 및 부상당한 야생동물의 구조 · 치료는 대통령령으로 정하는 바에 따른다.

> **해설** **야생동물의 질병연구 및 구조·치료(법 제34조의4)** : 환경부장관 및 시·도지사는 설치 또는 지정된 야생동물 치료기관에 야생동물의 질병연구 및 구조·치료 활동에 드는 비용의 전부 또는 일부를 지원할 수 있다.

18 시장 · 군수 · 구청장의 유해야생동물 포획 허가 시 고려사항이 아닌 것은?

① 유해야생동물로 인한 농작물 등의 피해상황
② 유해야생동물의 종류 및 개체수
③ 과도한 포획으로 인한 생태계의 교란 발생 유무
④ 지역주민들이 포획을 희망하는 종인지 여부

> **해설** **유해야생동물의 포획허가 및 관리(법 제23조)** : 시장·군수·구청장은 유해야생동물로 인한 농작물 등의 피해 상황, 유해야생동물의 종류 및 수 등을 조사하여 과도한 포획으로 인하여 생태계가 교란되지 아니하도록 하여야 한다.

19 야생동물에 대한 학대행위가 아닌 것은?

① 잔인한 방법이나 혐오감을 주는 방법으로 죽이는 행위

② 사체를 유기하는 행위

③ 포획 · 감금하여 고통을 주거나 상처를 입히는 행위

④ 살아있는 상태에서 생체의 일부를 채취하는 행위

해설) **야생동물의 학대금지(법 제8조)**
- 때리거나 산채로 태우는 등 다른 사람에게 혐오감을 주는 방법으로 죽이는 행위
- 목을 매달거나 독극물, 도구 등을 사용하여 잔인한 방법으로 죽이는 행위
- 포획·감금하여 고통을 주거나 상처를 입히는 행위
- 살아 있는 상태에서 혈액, 쓸개, 내장 또는 그 밖의 생체의 일부를 채취하거나 채취하는 장치 등을 설치하는 행위
- 도구·약물을 사용하거나 물리적인 방법으로 고통을 주거나 상해를 입히는 행위
- 도박·광고·오락·유흥 등의 목적으로 상해를 입히는 행위
- 야생동물을 보관, 유통하는 경우 등에 고의로 먹이 또는 물을 제공하지 아니하거나, 질병 등에 대하여 적절한 조치를 취하지 아니하고 방치하는 행위

20 우리나라에서 수렵을 허용하는 이유로 옳은 것은?

① 수렵을 통한 스트레스 해소 및 총기사용능력 학습

② 수렵을 통한 수출로 경제적 이익 창출

③ 자연생태계의 균형 유지

④ 수렵품 판매를 통한 지역경제 활성화

해설) **수렵제도의 필연성** : 포식자가 도태되면 먹이동물로 제공되던 피식자가 급증하게 되어 이에 대한 적정 개체수의 유지를 위한 조절기능으로 수렵이 필요하다.

2 야생동물의 보호·관리

21 다음 수렵 조수 중 우리나라 텃새에 속하는 종류는?

① 멧비둘기 　　　　　　② 홍머리오리

③ 고방오리 　　　　　　④ 쇠오리

해설) **수렵 조수 중 우리나라 텃새에 속하는 종류** : 꿩(수꿩), 멧비둘기, 까치, 참새

ANSWER / 15 ③　16 ④　17 ②　18 ④　19 ②　20 ③　21 ①

22 다음 중 수렵 불가능한 야생동물은 무엇인가?

① ② ③ ④

해설) **수렵 불가능한 야생동물 포유류 사례** : 스라소니, 반달가슴곰 등

23 다음 중 서식지 관리기법이 아닌 것은?

① 자연 원형의 보존   ② 종과 군집의 조정
③ 대체서식지의 조성   ④ 자연사박물관의 조성

해설) **서식실태 조사의 내용(시행규칙 제5조)** : 종별 서식지 및 서식현황, 종별 생태적 특성, 주요 위협요인, 보전 또는 관리 대책의 수립을 위하여 필요한 사항

24 다음 중 일부 지역에 서식밀도가 너무 높아 농·림·수산업에 피해를 주는 야생동물은 무엇인가?

① ② ③ ④

해설) 멧비둘기는 대표적인 사냥새로 일부 지역에 서식밀도가 너무 높아 농작물에 다소 피해를 준다. ① 호랑이, ② 멧비둘기, ③ 담비, ④ 삵이다.

25 쯔쯔가무시병(양충병)의 매개체는?

① 벼룩   ② 큰진드기류
③ 좀진드기류   ④ 빈대

해설) 농촌지역에서 자주 볼 수 있는 쯔쯔가무시증과 렙토스피라증은 각각 진드기에 물리거나, 상처난 피부로 병원체가 침입하여 발생하게 된다.

26 수렵 불가능한 조류는 무엇인가?

① 어치

② 멧비둘기

③ 검둥오리

④ 큰기러기

27 원앙에 대한 설명으로 틀린 것은?

① 우리나라에서 번식하고, 겨울철에 더 많은 개체가 관찰된다.

② 멸종위기종으로 지정되어 수렵이 금지된 종이다.

③ 나무구멍에 둥지를 튼다.

④ 번식기에는 산간 계류에서 생활하고, 겨울철에는 강, 바닷가, 저수지로 모여든다.

28 야생동물의 서식요소로 은신처에 대한 설명으로 틀린 것은?

① 조류에게 있어 둥지와 휴식장소는 생존에 필수적이다.

② 은신처는 날씨 또는 포식자와 같은 위협요인으로부터 야생동물을 지켜준다.

③ 은신처는 반드시 먹이와 물을 쉽게 얻을 수 있는 환경이어야 한다.

④ 야생동물의 서식밀도에 영향을 줄 수 있다.

29 다음 중 야생동물의 보호를 위한 행동이 아닌 것은?

① 야생동물의 먹이가 되는 도토리, 산딸기 등의 종자를 채집하지 않는다.

② 밀렵행위는 발견 즉시 해당기관에 신고한다.

③ 야생조류의 번식 및 은신처가 되는 인공새집을 설치해 준다.

④ 야생조류의 둥지에서 알을 발견하면 꺼내어 인공 부화시켜 준다.

30 다음 중 잡식성의 식성을 갖고 있고, 활엽수가 우거진 곳에 서식하며, 강설이 심할 때에는 야산이나 동네까지 내려오기도 하는 유해야생동물은 무엇인가?

①   ②

③   ④

해설〉 멧돼지는 간혹 농촌마을과 도심까지 출몰하여 농작물은 물론 인명피해까지 내고 있다.
① 멧돼지, ② 반달가슴곰, ③ 스라소니, ④ 여우

31 밀렵의 발생 요인이라 할 수 없는 것은?

① 과잉 번식한 야생동물 개체 수의 조절 필요성
② 잘못된 보신주의로 인한 야생동물 효과에 대한 맹신
③ 밀렵에 대한 적발 및 처벌 미비
④ 야생동물에 대한 주인의식의 결여

해설〉 **밀렵의 발생 요인** : 잘못된 보신주의로 인한 야생동물 효과에 대한 맹신, 밀렵에 대한 적발 및 처벌 미비, 야생동물에 대한 주인의식의 결여

32 다음 중 수렵 가능한 야생동물은 무엇인가?

① 갈까마귀(암컷)   ② 두루미

③ 매   ④ 저어새(겨울)

33 다음 중 철새에 해당하는 것은?

① 들꿩   ② 물까치

③ 꾀꼬리   ④ 참새

> 해설) **여름철새** : 뻐꾸기, 파랑새, 꾀꼬리, 제비, 뜸부기, 솔부엉이, 호랑지빠귀, 쏙독새, 팔색조 등

34 다음 중 산불재해가 야생동물에게 미치는 영향이 아닌 것은?

① 이동성이 느린 동물들은 대피하기 전에 질식 사망한다.

② 대기온도가 63℃ 이상일 경우 사망한다.

③ 화재발생 2년 후에는 대지가 피복되므로 생태계가 회복된다.

④ 갑작스런 환경변화로 인한 적응률 감소로 사망률이 증가할 수 있다.

> 해설) 산불로 한번 소실된 숲은 복구에 상당한 세월이 필요한데 숲의 골격을 갖추는 데 30년, 야생동물과 미생물 등 먹이사슬의 체계가 확립되기까지는 50년, 생태계 전체를 회복하는 데는 무려 100년이 이상의 긴 세월이 필요하다.

35 다음 까마귀 종류 중 우리나라에 겨울철새로 찾아오는 까마귀는 무엇인가?

① 까마귀

② 갈까마귀

③ 떼까마귀

④ 갈까마귀(수컷)

> 해설) **떼까마귀** : 겨울철새로 군집성이 매우 강해 많은 수의 무리를 지어 이동한다.

36 노루와 고라니의 형태 설명 중 옳은 것은?

① 노루의 수컷은 뿔이 있으나 고라니의 수컷은 뿔이 없으며 견치(송곳니)가 있음.

② 노루는 엉덩이에 흰색 반점이 없으며 고라니는 흰색 반점이 있음.

③ 노루가 고라니에 비해 대개 몸이 작음.

④ 노루의 털은 거칠고 고라니의 털은 부드러움.

ANSWER / 30 ①   31 ①   32 ①   33 ③   34 ③   35 ③   36 ①

해설 **고라니와 노루의 비교**

구분		고라니	노루
차이점		• 수컷은 뿔이 없다. • 털이 거칠다. • 주로 야산이나 구릉지에서 산다. • 견치(송곳니)가 있다.	• 수컷은 뿔이 있다. • 털은 부드럽다. • 새끼를 낳을 때는 심산으로 이동한다. • 엉덩이에 흰색 반점이 있다.
공통점		노루와 고라니 모두 암컷은 뿔이 없다.	

37 야생동물로부터 병을 옮지 않기 위한 행동으로 잘못된 것은?

① 야외활동 시 가급적 야생동물과의 접촉을 피하는 것이 좋다.

② 등산이나 산책을 할 때에는 정해진 길 밖으로 다닌다.

③ 풀밭에나 숲에 피부가 직접 닿지 않도록 주의한다. 풀밭 위에 직접 옷을 벗고 눕거나 잠자거나 용변을 볼 때 곤충에 의해 병이 옮을 수 있기 때문이다.

④ 야외활동 후에는 손 씻기 등 개인위생을 철저히 하고, 식품은 충분히 가열해서 먹는다.

해설 야외활동 시 가급적 야생동물과의 접촉을 피하는 것이 좋다.

38 야생동물의 새끼들을 발견했을 때 가장 적절한 초기 대처법은?

① 근처에 어미가 있을 확률이 높으므로 멀리서 어미가 오는지 지켜본다.

② 모두 데려와 야생동물구조센터에 맡긴다.

③ 집으로 데려와 키운 후 야생으로 돌려보낸다.

④ 포획하여 개체수를 조절한다.

39 다음 중 야생동물의 서식지 요소가 아닌 것은?

① 먹이   ② 천적

③ 물   ④ 공간

해설 **야생동물 서식지의 기본 요소** : 먹이, 은신처, 물, 먹이, 재해, 질병 등

40 다음 중 텃새에 속하지 않는 새는 무엇인가?

① 어치   ② 까마귀

③ 흰꼬리수리   ④ 흰목물떼새

※ 환경부 문제은행 교재에 기재된 정답은 ④번으로 흰목물떼새는 1994년 경기도 가평군 현리에서 번식하는 것이 처음 관찰된 이후 전국 단위의 조사가 활발히 진행되면서 우리나라 전역의 하천에서 텃새로 번식하며 사는 것이 확인되었다. 그러므로 정답의 논란이 있을 수 있다.

3 수렵도구의 사용 방법

41 수렵활동 중 지켜야할 사항으로 알맞지 않은 것은?

① 날고 있는 조류는 2발 이상 사격하지 않는다.

② 치명상을 입고 도망간 동물은 추적하여 사살한다.

③ 수렵동물 외에는 수렵하여서는 아니된다.

④ 새끼가 있는 동물은 어미만 잡는다.

42 화약총을 사용하여 멧돼지를 수렵을 하고자 할 경우 취득하여야 하는 수렵면허는?

① 1종 수렵면허　　　　　　　② 2종 수렵면허

③ 3종 수렵면허　　　　　　　④ 4종 수렵면허

해설 **수렵면허의 종류**
• 제1종 수렵면허 : 총기를 사용하는 수렵
• 제2종 수렵면허 : 총기 외의 수렵 도구(그물, 활)를 사용하는 수렵

43 수렵용 총기에 대한 설명이다. 틀린 것은?

① 공기총은 압축공기를 넣어야 하는 불편함이 있으나 가벼운 장점이 있다.

② 5.0mm 공기총은 탄착군을 형성하므로 꿩 사냥에 유리하다.

③ 엽총은 조준과 휴대가 간편하며 공기총에 비해 고장이 적다.

④ 공기총은 단탄과 산탄용으로 분류하며 개인이 보관할 수 없다.

해설 탄환이 흩어져 탄착군을 형성하는 산탄용 공기총(5.5~6.4mm)은 빠르게 움직이는 짐승이나 작은 조류(참새나 꿩)을 포획하는데 유리하다.

44 A는 수렵총기를 임시보관 해제를 받아 수렵장으로 출발하기에 앞서 실탄을 구입하고자 한다. 양도·양수 허가를 받지 않고 수렵용 실탄을 구입할 수 있는 곳은?

① 총포수리업소　　　　　　　② 동료엽사

③ 총포판매업소　　　　　　　④ 사격연맹

ANSWER / 37 ② 38 ① 39 ② 40 ④ 41 ④ 42 ① 43 ② 44 ③

> 해설) **실탄 양도·양수 및 안전관리**
> • 양도·양수 허가를 받지 않고 구입이 가능한 일일 엽탄의 수 : 100개 이하
> • 일일 구입할 수 있는 엽탄의 양을 규정한 목적 : 공공의 안전 유지
> • 양도·양수 허가를 받지 않고 수렵용 실탄을 구입할 수 있는 곳 : 총포판매업소

45 유효사거리에 대한 올바른 설명은?

① 실탄의 비행거리
② 총종별 유효사거리는 동일하다.
③ 정조준과 조준선 정열 거리
④ 동물을 포획할 수 있는 거리

> 해설) **유효사거리** : 총기를 이용하여 동물을 포획할 수 있는 거리로 산탄의 경우 보통 50~60m 정도이다.

46 경찰관서 보관 대상 총기가 아닌 것은?

① 엽총   ② 공기총
③ 사격경기용 소총   ④ 가스발사총

> 해설) **경찰관서 보관 대상 총기** : 엽총, 공기총, 사격경기용 소총

47 수렵장에서 사용 중 발생한 불발 탄약에 대한 올바른 조치요령이 아닌 것은?

① 타격 흔적이 약한 경우에는 방아쇠를 확인한다.
② 타격 흔적이 강한 경우에는 경찰서에 반납한다.
③ 타격 흔적이 미약한 경우에는 공이를 확인한다.
④ 안전하게 별도 관리 후 경찰서에 반납한다.

> 해설) **불발 탄약에 대한 조치요령** : 타격 흔적이 미약한 경우에는 공이를 확인, 타격 흔적이 강한 경우에는 안전
> 하게 별도 관리 후 경찰서에 반납

48 엽총에 대한 올바른 설명은?

① 단탄용 가스총이다.   ② 고정식 사격 총이다.
③ 수동 또는 반자동식이다. ④ 강선이 있다.

> 해설) **산탄 엽총의 종류**
>
> | 상하쌍대 | 수평쌍대 | 반자동 엽총 |
> |---|---|---|
> | 수동식 엽총 | 단발식 엽총 | 3열 엽총과 4열 엽총 |

49 수렵도구 사용방법 중 잘못된 것은?

① 수렵 총기는 상대방의 안전을 고려하여 항상 수평을 유지한다.

② 2인1조 차량으로 이동 중에도 총기는 사용하지 않는다.

③ 수풀 속에서 바스락 소리가 나면 물체 확인 시까지 기다린다.

④ 시야가 확보된 넓은 초원 지역에서도 전후방을 살펴야 한다.

해설 사격전에는 어떤 경우에도 총기를 수평으로 유지하여서는 안 된다.

50 수렵장 도착 시 숙지하여야 할 사항이 아닌 것은?

① 해제지역　　　　　　　　② 금렵구역

③ 보호동물　　　　　　　　④ 숙소위치

51 실탄의 탄속에 영향을 미치는 요소가 아닌 것은?

① 총열의 길이　　　　　　　② 실탄의 성능

③ 총기의 구조　　　　　　　④ 탄두의 모양

해설 **탄속** : 발사된 실탄의 속도로 총열의 길이, 실탄의 성능, 탄두의 모양 등에 영향을 받음

52 수렵총기 중 엽총의 올바른 조준 방법은?

① 고정된 물체에 대한 정확성을 기하기 위해 한쪽 눈만 뜬다.

② 움직이는 물체에 대한 초점을 잡은 후 시선은 가늠쇠에 둔다.

③ 조준선 정렬 후 정조준하여 총기의 흔들림이 없도록 하고 정확하게 사격한다.

④ 몸통에 거총 상태를 고정하고 초점을 맞춘 표적을 주시하면서 조준한다.

해설 **엽총(shotgun)의 사격술**
- 엽총사격은 몸에 힘을 빼고 자연스럽게 스윙하여야 한다.
- 엽총은 목표물이 가까이 있을 때보다 어느 정도 날아간 뒤에 사격해야 한다.
- 눈의 초점은 가늠쇠보다 이동 중인 물체에 두어야 한다.
- 체중이 발끝에 오도록 중심점을 약간 밀어 준다.
- 입술이 개머리판에 살짝 닿을 정도로 견착하면 균형을 유지할 수 있다.
- 몸통에 거총 상태를 고정하고 초점을 맞춘 표적을 주시하면서 조준한다.

ANSWER　45 ④　46 ④　47 ①　48 ③　49 ①　50 ④　51 ③　52 ④

53 총기의 올바른 사용법은 안전사고로부터 인명과 재산을 보호하기 위해 반드시 숙지해야 한다. 사격술의 안전요령이라고 할 수 없는 것은?

① 수렵인의 뼈대에 총기를 밀착시키는 등 총과 인체가 조화롭게 균형 잡힌 자세를 유지하도록 하여야 한다.

② 자연스러운 자세와 조준점은 총기의 안정을 불러오며, 총구의 방향도 안정되게 한다.

③ 공기총의 조준장치는 오픈사이트로 구성되어 목표물을 쉽게 분별하며 두 눈을 사용하면 총기의 동요 폭이 적게 느껴져 안정된 사격을 할 수 있다.

④ 풍향과 풍속은 사격에 많은 영향을 끼친다. 특히 맞바람은 탄알을 옆으로 이동시켜 근거리 사격에도 영향을 미친다.

해설） 맞바람과 등바람이 사격에 미치는 영향은 극히 적지만 옆바람은 탄알을 크게 측방(옆쪽)으로 편이(한 방향으로 이동)시켜 근거리 사격에도 영향을 미치게 된다.

54 다음 사격술 중 호흡 및 사격자세가 잘못된 것은?

① 근육이 수축된 상태에서 자세를 취한다.

② 편하고 안전성 있는 자세를 취한다.

③ 호흡은 3분의 2를 내쉰다.

④ 내쉰 후 숨을 멈춘다.

해설） 근육이 긴장되어 굳어지면 그 상태는 즉시 총에 전달돼 신경을 집중시킬 수 없다

55 수렵용 총기에 대한 설명이다. 틀린 것은?

① 라이플 소총은 강선이 있어 사격경기용으로 사용할 수 있다.

② 엽총은 강선이 없어 산탄만 사용하며 총종에 따라 수렵용과 경기용으로 사용한다.

③ 용도에 따라 엽총과 공기총으로 분류하며, 수렵용과 경기용으로 사용한다.

④ 휴대가 간편한 구조로 제작되어 휴대하기가 쉽다.

해설） **용도상 분류** : 군용·수렵용·사격경기용·호신용 등

56 다음 중 불법행위에 해당되지 않는 것은?

① 사격장에서 꿩이 나는 것을 보고 포획한 경우

② 수렵 중 총기가 고장 나서 친구에게 총기를 빌려 수렵한 경우

③ 수렵 중 눈·비가 내려 주변이 어두워지고 있음에도 수렵한 경우

④ 고라니를 추격 중 일몰이 지난 것을 인식하지 못하고 수렵한 경우

해설） 일출전과 일몰 후에는 수렵이 금지된다(보관해제 된 수렵용 총기를 경찰관서에 보관해야 하는 시간은 19:00 ~ 07:00). 타인에게는 어떤 경우에도 총기를 빌려주어서는 안 된다.

57 다음 중 가장 안전한 사격 방법은?

① 물 위의 오리는 날린 후 사격한다.

② 인가 주변으로 나는 조류는 사격을 멈춘다.

③ 잠자고 있는 수류는 도망가게 한 후 사격한다.

④ 전선 위의 멧비둘기는 날린 후 사격한다.

> 해설) **사격 안전 수칙**
> • 민가 인근에서는 약실을 개방한다.
> • 인가 주변으로 나는 조류는 사격을 멈춘다.

58 엽탄에 대한 올바른 설명은?

① 약실의 길이와 유사한 것을 사용한다.

② 눈과 비 등에 안전하게 방수처리가 되어 있다.

③ 입자가 작을수록 명중률이 높다.

④ 반동에 영향을 미치지 않는다.

> 해설) 엽탄은 납 또는 철로 만든 작은 알맹이로 입자가 작을수록 명중률이 높다.

59 올바른 엽도정신이라고 할 수 없는 것은?

① 안전규정을 준수하고 수렵도구의 사용방법을 숙지한다.

② 포획물에 연연하지 않고 주민에게 피해를 주지 않아야 한다.

③ 용의주도하게 수렵장을 분석하고 포획물 수확에 최선을 다한다.

④ 자연자원을 보호하고 야생동물에 연구심을 갖는다.

60 수렵총기 안전관리 요령이다. 틀린 설명은?

① 확인되지 않은 야생동물은 사격 직전까지 방아쇠에 손을 대서는 안 된다.

② 수렵견과 동행 중 휴식 시에는 안전장치 후 나무 등에 총기를 의탁하는 방법으로 안전관리에 최우선 하여야 한다.

③ 갈대숲 등에서는 방아쇠울을 손으로 감싼다.

④ 숲속이나 넝쿨이 산재한 지역에서는 실탄을 제거한다.

> 해설) 수렵 도중 휴식을 취할 때에는 총기와 실탄을 분리한다.

4 안전사고의 예방 및 응급조치

61 응급구조 신고 시 신고자가 직접 확인해야 할 사항으로 가장 거리가 먼 것은?

① 호흡   ② 골절
③ 의식   ④ 맥박

해설) **응급환자에 대한 위험진단 항목**
• 호흡 : 숨을 편안하게 쉬고 있는지 여부
• 맥박 : 심장의 박동여부
• 의식 : 환자의 의식이 있는지 여부

62 음주를 한 경우 수렵총기 사용에 대한 설명으로 가장 올바르지 않은 것은?

① 음주를 했을 경우 총기취급은 절대 금물이다.
② 적당한 음주는 긴장을 해소하여 수렵에 도움이 된다.
③ 수렵 중에는 금주를 하는 것이 가장 안전하다.
④ 수렵 중에는 약간의 음주도 금지해야 한다.

해설) 음주 후, 약물 복용 후, 피곤할 때에는 총기를 다루지 않는다.

63 수렵시 반드시 착용해야 하는 조끼의 색상과 복장에 새겨 넣어야 하는 글씨는?

① 빨간색 – 사냥   ② 빨강색 – 수렵
③ 주황색 – 사냥   ④ 주황색 – 수렵

해설) **수렵 조끼 색상·크기 세부사항**
• 수렵용 조끼의 색깔은 지정된 색상표에 따른 수치값에 해당하는 주황색으로 한다.
• 수렵용 총포 소지자임을 잘 알아볼 수 있도록 조끼의 뒷면에 자수 또는 인쇄 등의 방법으로 "수렵"이라는
  단어를 검정색 글씨로 명시하여야 한다.

64 수렵용 총포 또는 석궁의 취급금지 대상자에 대한 설명으로 틀린 것은?

① 18세 미만자(사격경기용 제외)   ② 정신질환자
③ 사기 피의자   ④ 마약 중독자

해설) **수렵면허 결격사유(법 제46조)**
• 미성년자, 심신상실자, 정신질환자, 마약류중독자
• 야생생물 보호 및 관리에 관한 법률을 위반하여 금고 이상의 실형을 선고받고 그 집행이 끝나거나 집행이
  면제된 날부터 2년이 지나지 아니한 사람
• 야생생물 보호 및 관리에 관한 법률을 위반하여 금고 이상의 형의 집행유예를 선고받고 그 유예기간 중에
  있는 사람
• 수렵면허가 취소된 날부터 1년이 지나지 아니한 사람

65 수렵안전사고 현장에서 환자가 도움받기를 거부할 경우 어떻게 행동하는 것이 가장 타당한가?

① 강제라도 도와준다.
② 그냥 기다려 본다.
③ 물러나서 신고하고 지켜본다.
④ 신고만 하고 자리를 뜬다.

해설) 환자나 부상자가 응급처치를 거부할 경우 응급처치는 할 수 없다.

66 수렵장 밖에 있는 밭의 곡식을 먹고 있는 참새를 잡아달라는 요청을 받은 경우 올바른 선택은?

① 수렵장 밖이므로 요청을 거부해야 한다.
② 주인의 요청이 있으므로 참새를 포획한다.
③ 참새를 쫓기 위해 밭에 공포를 발사한다.
④ 수렵장 안에서 밖에 있는 참새를 향하여 실탄을 발사한다.

해설) 누구든지 수렵장 외의 장소에서 수렵을 하여서는 아니 된다.

67 다음 중 대퇴부 골절에 대한 설명으로 올바르지 않은 것은?

① 확인이 곤란할 때가 많다.
② 누운 상태에서 발뒤꿈치를 들지 못한다.
③ 뼈를 연결하는 인대와 관절낭이 파손된 상태다.
④ 발이 바깥쪽 또는 안쪽으로 비틀어져 발을 세우지 못한다.

해설) **대퇴부 골절** : 엉덩이 관절과 무릎 관절의 사이에 뼈가 부러진 상태로 확인이 곤란할 때가 많다.

68 다음 중 일반적인 지혈 요령에 대한 설명으로 올바르지 않은 것은?

① 두꺼운 거즈 등으로 몇 분씩 압박을 가한다.
② 출혈 부위를 심장보다 낮게 한다.
③ 심장 가까운 쪽의 동맥을 눌러준다.
④ 손수건 등으로 출혈 부위를 감싸 압박한다.

해설) 출혈부위를 심장보다 높게 한다.

ANSWER / 61 ② 62 ② 63 ④ 64 ③ 65 ③ 66 ① 67 ③ 68 ②

69 다음 중 의식이 돌아왔다가 다시 없어진 환자에 대한 조치로 올바르지 않은 것은?

① 입안의 이물질을 제거한다.
② 의식이 돌아올 때까지 계속 말을 건다.
③ 심폐소생술을 실시한다.
④ 기도열기와 호흡확인

해설) 의식이 없는 환자는 심폐소생술을 실시하고 119에 전화로 신고한다.

70 총포소지허가를 갱신하는 목적으로 가장 중요하다고 할 수 있는 것은?

① 허가받은 사람의 현존 여부확인을 위해
② 총기의 존재 여부를 확인하기 위해
③ 소지자의 인적 결격 발생여부 확인
④ 총기의 총 수량 조정을 위해

해설) 총포 소지허가의 갱신을 받으려는 경우에는 신청인의 정신질환 또는 성격장애 등을 확인할 수 있도록 행정안전부령으로 정하는 서류를 허가관청에 제출하여야 한다.

71 다음 중 응급상황 발생 시 구조신고 사항으로 적절하지 아니한 것은?

① 환자의 부상상태   ② 구조자의 건강상태
③ 무슨 일이 일어났는가   ④ 사고 장소

해설) **응급상황이 발생하여 구조신고 시 포함시켜야 할 사항**
• 연락 가능한 신고자의 이름과 전화번호
• 사고의 종류와 사고 장소 및 피해 규모
• 보다 확실한 도움요청이 되도록 가능하면 2인 이상이 전화

72 다음 중 겨울철 동상의 증상에 대한 설명으로 올바르지 않은 것은?

① 얼굴이 붉어지고 잦은 소변을 본다.
② 동상은 상대적으로 통증이 약하다.
③ 동상 부위에 피하출혈과 괴저가 나타난다.
④ 손과 발의 동상은 비교적 자각증세가 약하다.

해설) **동상의 증상**
• 처음에는 피부에 통증 또는 붉게 변한다.
• 동상은 상대적으로 통증이 약하다.
• 동상 부위에 피하출혈과 괴저가 나타난다.

73 다음 중 출혈의 증상에 관한 설명으로 알맞지 않은 것은?

① 호흡과 맥박이 빠르고 불규칙하다.

② 불안과 갈증, 반사작용이 둔해지고 구토도 발생한다.

③ 혈압이 점점 상승하며 얼굴이 창백해진다.

④ 탈수현상이 있으며 갈증을 호소한다.

> 해설 **출혈의 증상**
> • 호흡과 맥박이 빠르고 불규칙하며, 안전하게 지혈하는 것이 중요하다.
> • 불안과 갈증, 반사작용이 둔해지고 구토도 발생한다.
> • 탈수현상이 있으며 갈증을 호소한다.

74 다음 중 응급환자를 운반하기 위한 준비사항으로 가장 적절하지 않은 것은?

① 환자에 대한 응급처치　　　　② 환자의 보온상태 유지

③ 환자에게 충분한 음료 공급　　④ 목적지 선정 및 안전한 이송경로 결정

> 해설 수분보충은 도움이 되나 의식 없는 환자에게 음료수를 억지로 마시도록하면 안되며 신속히 119에 신고하고 병원으로 이송해야 한다.

75 수렵총기의 사용 용도에 대한 설명으로 틀린 것은?

① 소지허가 신청 시 본인이 정하여 허가를 받는다.

② 총기의 용도는 소지허가를 받은 후 본인이 지정한다.

③ 수렵용으로 허가받은 총기는 수렵 외 다른 용도로 사용할 수 없다.

④ 수렵용 총기를 다른 용도로 사용하기 위해서는 용도변경허가를 받아야 한다.

> 해설 **총포·도검·화약류 등의 안전관리에 관한 법률 제14조의2(총포의 보관)** : 총포의 소지허가를 받은 자는 총포를 허가받은 용도에 사용하기 위한 경우 또는 정당한 사유가 있는 경우 허가관청에 보관해제를 신청하여야 한다.

76 수렵을 나갔다가 날이 저물어 숙박업소에 투숙하게 될 경우 총기를 어떻게 처리하여야 하는가?

① 차량 트렁크에 안전하게 보관　　② 숙박업소 캐비넷에 보관의뢰

③ 경찰서에서 지정하는 지구대에 보관　④ 투숙한 방에 안전하게 보관

> 해설 **총포·도검·화약류 등의 안전관리에 관한 법률 제14조의2(총포의 보관)** : 총포의 소지허가를 받은 자는 총포와 그 실탄 또는 공포탄을 허가관청이 지정하는 곳에 보관하여야 한다.

ANSWER 69 ② 70 ③ 71 ② 72 ① 73 ③ 74 ③ 75 ② 76 ③

77 수렵인 K씨가 자신의 밭에 자주 출몰하는 멧돼지를 수렵용으로 해제받은 총기로 포획하였다. 이때 지키지 않은 총기안전관리 수칙은?

① 총기휴대 · 운반방법 위반

② 허가받은 용도 외 사용

③ 수렵장 이탈

④ 총기와 실탄 분리보관 불이행

해설) **총포 · 도검 · 화약류 등의 안전관리에 관한 법률 제17조(총포 · 도검 · 분사기 · 전자충격기 · 석궁의 휴대 · 운반 · 사용 및 개조 등의 제한)** : 관련법에 따라 총포 · 도검 · 분사기 · 전자충격기 · 석궁의 소지허가를 받은 자는 허가받은 용도나 그 밖에 정당한 사유가 있는 경우 외에는 그 총포 · 도검 · 분사기 · 전자충격기 · 석궁을 사용하여서는 아니 된다.

78 수렵장에서 부주의로 발생할 수 있는 안전사고의 종류와 가장 거리가 먼 것은?

① 바위 위에서 실족

② 높은 곳에서 추락

③ 유탄으로 인한 인명피해

④ 당뇨로 인한 졸도

79 다음 중 수렵용(유해야생동물 포획용) 총포 또는 석궁을 운반할 수 있는 경우에 해당하지 않는 것은?

① 수렵장에 가기 위해 운반

② 유해야생동물 포획을 위해 운반

③ 사격경기를 하기 위해 운반

④ 수리업소에 가기 위해 운반

해설) **총포 · 도검 · 화약류 등의 안전관리에 관한 법률 제17조(총포 · 도검 · 분사기 · 전자충격기 · 석궁의 휴대 · 운반 · 사용 및 개조 등의 제한)** : 관련법에 따라 총포 · 도검 · 분사기 · 전자충격기 · 석궁의 소지허가를 받은 자는 허가받은 용도에 사용하기 위한 경우와 그 밖에 정당한 사유가 있는 경우 외에는 그 총포(총포의 실탄 또는 공포탄을 포함) · 도검 · 분사기 · 전자충격기 · 석궁을 지니거나 운반하여서는 아니 된다(제 19조 취급금지 : 대한체육회장이나 특별시 · 광역시 · 특별자치시 · 도 또는 특별자치도의 체육회장이 추천한 선수 또는 후보자가 사격경기용 총포나 석궁을 소지하는 경우는 제외).

80 다음 중 뱀에 물렸을 때 응급처치법에 대한 설명으로 올바르지 않은 것은?

① 온찜질을 한다.

② 상처부위에서 몸에 가까운 쪽을 압박한다.

③ 상처를 심장보다 낮게 한다.

④ 뱀에 대한 정보를 확인한다.

해설) **뱀에 물렸을 때 응급처치법**
- 가장 먼저 상처를 심장보다 낮게 한다.
- 환자를 안정시키고 최대한 움직이지 않게 한다.
- 상처부위에서 몸에 가까운 쪽을 압박한다.
- 상처부위를 비눗물로 깨끗이 씻는다.
- 뱀에 대한 정보를 확인한다.

ANSWER / 77 ② 78 ④ 79 ③ 80 ①

Final 체크 O·X 문제 200선

1 수렵에 관한 법령 및 수렵의 절차

※ 맞으면 ○, 틀리면 ×표 하세요.

01 야생생물 보호 및 관리에 관한 법률의 목적은 생물의 다양성을 증진시키는 것이다.　　(○, ×)

02 야생생물이란 일정한 장소 또는 시설에서 사육·양식 또는 증식하는 생물을 말한다.　　(○, ×)

03 수렵 지정된 야생동물을 사냥하는 행위는 야생동물에게 금지되는 학대행위이다.　　(○, ×)

04 멸종위기 야생생물의 포획·채취 등은 환경부장관의 허가를 받은 경우 가능하다.　　(○, ×)

05 특별보호구역의 지정은 지방환경관서에서 정한다.　　(○, ×)

06 인공증식이란 야생생물을 일정한 장소 또는 시설에서 사육·양식 또는 증식하는 것을 말한다. (○, ×)

07 야생생물 보호구역은 멸종위기 야생생물 등을 보호하기 위하여 특별보호구역에 준하여 보호할 필요가
있는 지역이다.　　(○, ×)

08 환경부장관은 야생동물 질병의 예방과 확산 방지, 체계적인 관리를 위해 5년마다 야생동물 질병관리
기본계획을 수립·시행하여야 한다.　　(○, ×)

09 야생동물의 질병전문진단기관은 따로 정해져 있지 않다.　　(○, ×)

10 관할 군수는 생물자원 보전시설의 설치·운영 등록을 받을 수 있다.　　(○, ×)

11 야생생물관리협회는 수렵장 운영 지원 등 수렵 관리를 한다.　　(○, ×)

12 야생생물을 포획 또는 채취하거나 고사시킨 자에 대한 처벌은 2년 이하의 징역 또는 2천만원 이하의
벌금이다.　　(○, ×)

13 야생생물 보호 기본계획에는 멸종위기 야생생물의 포획 방법이 포함된다.　　(○, ×)

14 기상청에서 개발된 기상예보시설은 설치비용 지원이 가능한 야생동물 피해예방시설이다.　　(○, ×)

15 시장·군수·구청장은 피해예방시설의 설치비용을 임의로 산정할 수 있다.　　(○, ×)

16 야생동물 피해예방시설 비용 지원단가의 조정가능 범위는 30% 이내이다.　　(○, ×)

17 야생동물 피해예방시설 비용 지원은 개인이 신청할 경우 직접 환경부장관에게 제출하여야 한다.(○, ×)

18 국가 및 지방자치단체에서 야생동물 피해예방시설 비용으로 지원할 수 있는 최대 금액은 1,000만원이다.

(○, ×)

19 양식중인 수산양식물의 피해를 입은 어업인도 야생동물에 의한 피해보상이 적용되는 대상자이다.

(○, ×)

20 "수렵장설정자"라 함은 환경부장관으로부터 수렵장 설정승인을 받은 자를 말한다. (○, ×)

21 "일반수렵장"이라 함은 존속기간 5년 이상의, 일반적인 수렵을 즐길 수 있는 수렵장을 말한다.(○, ×)

22 순환수렵장의 일반적인 수렵기간은 11월 20일 ~ 2월 말이다. (○, ×)

23 수렵장설정자는 수렵장 안의 모든 동물을 수렵 가능하도록 지정할 수 있다. (○, ×)

24 수렵장 선정기준은 국가 소유지의 지역을 기준으로 하며 인근에 도심이 없는 지역이다. (○, ×)

25 질병진단이란 죽거나 질병에 걸린 또는 걸릴 우려가 있는 야생동물에 대하여 부검, 임상검사, 혈청검사, 그 밖의 실험 등을 통해 질병의 감염 여부를 확인하는 것을 말한다. (○, ×)

26 수렵기간 종료 후 30일 이내에 포획동물의 정보를 포획승인증에 기재하여 남은 확인표지와 함께 신고한다. (○, ×)

27 "국제적 멸종위기종"은 자연적 또는 인위적 위협요인으로 개체수가 크게 줄어들어 멸종위기에 처한 야생생물로서 대통령령으로 정하는 기준에 해당하는 종이다. (○, ×)

28 "유해야생물"이란 사람의 생명이나 재산에 피해를 주는 야생동물로서 환경부령으로 정하는 종이다.

(○, ×)

29 야생생물의 보호 및 이용에 있어 경제적 가치를 우선시 하여야 한다. (○, ×)

30 시장·군수·구청장은 수렵장의 설정권자가 될 수 있다. (○, ×)

31 능묘·사찰·교회의 경내는 수렵장의 설정 제한지역이다. (○, ×)

32 산림보호를 위한 모든 산림지역은 수렵장의 설정 제한지역이다. (○, ×)

33 야생생물보호원의 자격요건은 야생생물의 실태조사와 관련된 업무에 3년 이상 종사한 경력이 있는 자이다. (○, ×)

34 야생생물의 서식실태 조사는 야생생물보호원의 직무범위이다. (○, ×)

35 야생동물의 불법포획 및 불법거래 물품의 몰수 조치는 야생생물보호원의 직무범위이다. (○, ×)

36 서식지외 보전기관이 법령에 의하여 포획 허가를 받은 경우 멸종위기 야생동물을 포획할 수 있다.

(○, ×)

37 인위적 위협으로 개체수가 현저히 감소한 야생생물은 멸종위기야생생물 1급이다. (O, ×)

38 국제적 멸종위기종의 가공품은 허가를 받지 않고 수출입할 수 있다. (O, ×)

39 흰뺨검둥오리를 포획하기 위해서는 일출 전 사냥을 해야 한다. (O, ×)

40 문화재로 지정된 건물 등에 부식 피해를 주는 집비둘기는 유해야생동물이다. (O, ×)

41 살아있는 야생동물의 생체 일부를 채취하는 행위는 야생동물의 학대이다. (O, ×)

42 수렵면허의 갱신주기는 5년이다. (O, ×)

43 허가를 받지 않고 국내로 반입된 국제적 멸종위기종을 양도·양수할 수 없다. (O, ×)

44 수렵 중에는 포획승인증을 휴대한다. (O, ×)

45 시장·군수·구청장은 유해야생동물 포획허가를 신청한 자의 요청이 있어도 수렵면허를 받고 수렵보험에 가입한 사람에게 포획을 대행할 수 없다. (O, ×)

46 유해야생동물의 포획허가가 취소된 자는 취소된 날로부터 7일 이내에 허가증을 시장·군수·구청장에게 반납하여야 한다. (O, ×)

47 도로 쪽을 향하여 수렵을 하는 경우에는 도로로부터 600m 이내의 장소는 수렵이 제한된다. (O, ×)

48 지방자치단체는 관할구역의 야생생물 보호 및 서식환경 보전을 위한 대책을 수립·시행하여야 한다. (O, ×)

49 야생생물 보호원의 자격·임명 및 직무범위에 관하여 필요한 사항은 대통령령으로 정한다. (O, ×)

50 멸종위기 야생생물 2급을 불법포획한 자는 3년 이하의 징역에 처한다. (O, ×)

ANSWER										
	01 O	02 X	03 X	04 O	05 X	06 O	07 O	08 O	09 X	10 X
	11 O	12 O	13 X	14 X	15 X	16 O	17 X	18 O	19 O	20 O
	21 X	22 O	23 X	24 X	25 O	26 X	27 X	28 O	29 X	30 O
	31 O	32 X	33 O	34 O	35 X	36 O	37 O	38 X	39 X	40 X
	41 O	42 O	43 O	44 O	45 X	46 O	47 O	48 O	49 X	50 O

2 야생동물의 보호·관리

※ 맞으면 ○, 틀리면 ×표 하세요.

01 우리나라에서 번식하는 조류는 텃새와 여름철새로 구분된다. (○ , ×)

02 포식종은 다양한 종을 포식하는 것보다는 특정 먹이를 선호한다. (○ , ×)

03 은신처는 날씨 또는 포식자와 같은 위협요인으로부터 야생동물을 지켜준다. (○ , ×)

04 물은 체내 수분을 보충하기 위해 반드시 필요하므로 야생동물에 직접적인 영향을 미치기도 한다. (○ , ×)

05 먹이를 먹는 행동에 따라 잠수성오리와 수면성오리로 구분된다. (○ , ×)

06 철새에는 이동 유형에 따라 겨울새, 여름새, 나그네새가 있다. (○ , ×)

07 여름철새는 휴식을 위해 우리나라에 서식하는 조류이다. (○ , ×)

08 나그네새는 봄부터 가을까지 우리나라에 서식하는 조류이다. (○ , ×)

09 큰 자연공원하나가 작은 자연공원 여러 개 보다 종 보존 효율이 높다. (○ , ×)

10 화재발생 2년 후에는 대지가 피복되므로 생태계가 회복된다. (○ , ×)

11 우리나라에서 연중 서식하는 오리로 고방오리, 청머리오리, 알락오리 등이 있다. (○ , ×)

12 야생동물의 새끼들을 발견했을 때 근처에 어미가 있을 확률이 높으므로 멀리서 어미가 오는지 지켜본다. (○ , ×)

13 농약을 먹고 폐사한 야생동물을 잡아먹은 야생동물도 이차적으로 중독될 수 있다. (○ , ×)

14 도로 증가는 야생동물의 통행을 방해하여 서식지 단절, 개체군 고립화를 발생시킨다. (○ , ×)

15 노랑부리백로-붉은박쥐-미호종개는 멸종위기 야생생물 I급이다. (○ , ×)

16 원앙은 우리나라에서 번식하고, 겨울철에 더 많은 개체가 관찰된다. (○ , ×)

17 팔색조는 멸종위기 야생생물 I급이다. (○ , ×)

18 수리부엉이는 멸종위기 야생생물 II급이다. (○ , ×)

19 황조롱이 다자란 수컷의 머리는 청회색을 띄어 암컷과 구별된다. (○ , ×)

20 쇠오리와 유사하며, 겨울철에 거대 무리를 짓는 종은 가창오리이다. (○ , ×)

21 야생동물이 걸리는 병 중 사람이 걸릴 수 있는 병은 풍토병이다. (○, ×)

22 야외활동 시 가급적 야생동물과의 접촉을 피하는 것이 좋다. (○, ×)

23 설치류 동물 사이에 유행하는 전염병으로 오한, 전율, 발열과 균이 침입한 피부에 농포가 생기는 인수공통감염병은 Q열이다. (○, ×)

24 일본뇌염, 구제역은 인수공통감염병이다. (○, ×)

25 발진열, 쯔쯔가무시병은 들쥐에 의해 전파되는 감염병이다. (○, ×)

26 쯔쯔가무시병(양충병)의 매개체는 좀진드기류이다. (○, ×)

27 청설모는 수렵가능한 야생동물이다. (○, ×)

28 털이 부드러운 것은 고라니이다. (○, ×)

29 노루의 수컷은 뿔이 있으나 고라니의 수컷은 뿔이 없으며 견치(송곳니)가 있다. (○, ×)

30 꿩은 수컷만 잡을 수 있다. (○, ×)

31 참새는 우리나라의 텃새로 참새와 섬참새 2종이 서식하고 있다. (○, ×)

32 멧비둘기는 회색바탕에 갈색을 띠고 가슴과 배의 경우 흰색이다. (○, ×)

33 멧돼지는 수컷 한 마리가 여러 마리 암컷과 교미하며, 양육에 관여한다. (○, ×)

34 꿩은 일부일처제이다. (○, ×)

35 쇠오리는 외견상 암수의 차이가 뚜렷하다. (○, ×)

36 청설모 털의 색은 회색을 띤 갈색이며, 배는 흰색이다. (○, ×)

37 떼까마귀는 겨울철새로 매우 큰 무리를 지어 농경지에 서식하는 까마귀류이다. (○, ×)

38 멧비둘기는 일 년에 단 한번 번식한다. (○, ×)

39 멧돼지는 초식성이다. (○, ×)

40 고방오리 수컷의 머리는 갈색이다. (○, ×)

41 어치는 때까치와 같은 과에 속한다. (○, ×)

42 가장 작은 오리는 쇠오리이다. (○, ×)

43 일반적인 고라니의 교미시기는 11~1월이다. (○, ×)

44 수렵 동물 중 포유류는 멧돼지, 고라니, 청설모, 멧토끼로 총 4종이다. (○, ×)

45 수렵 동물 중 조류는 수꿩, 멧비둘기, 큰부리까마귀 등 13종이다. (○, ×)

46 청둥오리는 태어나자마자 눈을 뜨고 어미를 따라다니며 천적을 피한다. (○, ×)

47 본래 제주도에 서식하지 않았으나 행사의 일환으로 방생된 후 급속히 번식하여 생태계를 교란하게 된 종은 어치이다. (○, ×)

48 가을철 풍토병으로 일컬어지며, 들쥐 등의 소변으로 균이 배출되어 피부 상처를 통해 감염되는 전염병은 렙토스피라증이다. (○, ×)

49 연중 우리나라에서 서식하며 수확 전부터 농경지에 침입하여 농작물에 피해를 주는 야생동물은 흰뺨검둥오리이다. (○, ×)

50 원앙은 멸종위기종으로 지정되어 수렵이 금지된 종이다. (○, ×)

ANSWER										
	01 ○	02 ×	03 ○	04 ○	05 ○	06 ○	07 ×	08 ×	09 ○	10 ×
	11 ×	12 ○	13 ○	14 ○	15 ○	16 ○	17 ×	18 ○	19 ○	20 ○
	21 ×	22 ○	23 ×	24 ×	25 ○	26 ○	27 ○	28 ×	29 ○	30 ○
	31 ○	32 ×	33 ×	34 ×	35 ○	36 ○	37 ○	38 ×	39 ×	40 ○
	41 ×	42 ○	43 ○	44 ×	45 ×	46 ○	47 ×	48 ○	49 ○	50 ×

3 수렵도구의 사용 방법

※ 맞으면 ○, 틀리면 ×표 하세요.

01 수렵도구 사용법 숙지의 목적 중 가장 중요한 것은 안전사고 예방이다. (○, ×)

02 수렵 총기는 상대방의 안전을 고려하여 항상 수평을 유지한다. (○, ×)

03 시야가 확보된 숲속에서 멧토끼가 뛰는 것을 보고 사격한다. (○, ×)

04 조준장치는 오픈 사이트 형 총열로 되어 있어 조준이 쉽다. (○, ×)

05 공기총은 지정된 금고 등 안전한 장소에 보관하여야 한다. (○, ×)

06 이동 중에는 총기는 총집에 넣고 실탄은 분리휴대하는 등 안전조치를 취해야 한다. (○, ×)

07 수렵장 내에서 총구는 반드시 전방을 향하게 한다. (○, ×)

08 일출 전 또는 일몰 후에는 수렵 동물이 목전에 있어도 포획을 하지 않는다. (○, ×)

09 멧토끼 등 야생동물을 무단 포식하는 들고양이는 야생동물보호 차원에서 사살한다. (○, ×)

10 갈대숲 등에서는 방아쇠울을 손으로 감싼다. (○, ×)

11 20세 미만의 사람은 수렵용 총포의 소지허가를 받을 수 없다. (○, ×)

12 1종 수렵도구 소지·허가권자는 주소지 관할 경찰서장이다. (○, ×)

13 총포소지자가 수렵 중 주소지를 변경할 경우 수렵기간 종료 후 10일 이내에 신고하여야 한다. (○, ×)

14 세계 최초로 발명된 총기는 라이터 점화 원리와 같은 장치로 불을 붙여 발사하는 총기이다. (○, ×)

15 치명상을 입고 도망간 동물은 추적하여 사살한다. (○, ×)

16 날고 있는 조류는 2발 이상 사격하지 않는다. (○, ×)

17 총기와 실탄은 분리하여 캐비닛에 개인 보관한다. (○, ×)

18 공기총의 총열은 탄의 방향과 거리, 명중률을 좌우한다. (○, ×)

19 공기총 중 스프링식은 내부기관이 단순하되 정교함은 떨어진다. (○, ×)

20 워드(Wad)란 엽탄의 공간에 산탄알을 저장하는 컵이다. (○, ×)

21 수렵 총기는 용도에 따라 군사용, 수렵용, 사격경기용, 유해조수구제용으로 분류한다. (○, ×)

22 움직이는 물체에 대해서는 리드(lead) 사격을 한다. (○, ×)

23 허가 받은 총기는 3정까지 수렵용 총기로 해제 받아 그 중 2정까지 사용할 수 있다. (○, ×)

24 짧은 총열에 비해 긴 총열의 엽총은 다루기가 어렵다. (○, ×)

25 멧돼지 견이 많을수록 멧돼지 수렵에 유리하다. (○, ×)

26 총포소지허가의 법정 갱신기간은 갱신기간 만료일까지이다. (○, ×)

27 활과 석궁을 이용한 수렵인은 수렵도구를 안전하게 개인 보관하여야 한다. (○, ×)

28 직계존속 및 직계비속 간에도 총기를 빌려줄 수 없다. (○, ×)

29 성능을 높이기 위해 총기를 개조해서는 아니 된다. (○, ×)

30 견착 요령은 엽총과 공기총이 동일하다. (○, ×)

31 12mm 공기총은 멧비둘기 등 수렵용이다. (○, ×)

32 5.0mm 공기총은 탄착군을 형성하므로 꿩 사냥에 유리하다. (○, ×)

33 수렵용 공기총은 가벼우나 초크를 사용할 수 없다. (○, ×)

34 엽총은 강선이 없어 산탄만 사용하며 총종에 따라 수렵용과 경기용으로 사용한다. (○, ×)

35 이동표적에 대해서는 리드사격, 고정된 물체에 대해서는 리드사격을 할 수 없다. (○, ×)

36 외대는 1발 이상 장전이 가능하여 단탄용으로 사용한다. (○, ×)

37 초크는 목표물 포착을 편하게 할 뿐만 아니라 적중률이 높다. (○, ×)

38 3연발 엽총은 격발 시마다 자동으로 장전된다. (○, ×)

39 총열의 재질은 반동에 영향을 준다. (○, ×)

40 실탄 장전여부를 쉽게 확인할 수 있는 쌍대는 외대보다 안전하다. (○, ×)

41 조리개(초크)는 산탄의 패턴과 깊은 관계가 있다. (○, ×)

42 총열이 길수록 사거리가 짧다. (○, ×)

43 화살의 길이는 궁사의 팔 길이와 일치된 것을 고른다. (○, ×)

44 차량이나 수렵장 이동 중에는 활과 화살을 장전해서는 안 된다. (○, ×)

45 발사 후 화살이 목표물에 도달 시까지 두 눈을 뜬 상태를 유지하여야 한다. (○, ×)

46 의심스런 동물 발견 시에는 도망가더라도 확인 시까지 기다려야 한다. (○, ×)

47 그물 주위는 낙엽으로 위장하여야 한다. (○, ×)

48 그물은 일출 후에 설치하고 일몰 전에 거둔다. (○, ×)

49 그물에 걸린 참새는 날개부터 꺼내야 한다. (○, ×)

50 석궁 소지허가를 받은 경우 조준경을 부착하여 사용할 수 있다. (○, ×)

ANSWER

01 ○	02 ×	03 ×	04 ×	05 ×	06 ○	07 ×	08 ○	09 ○	10 ○
11 ○	12 ○	13 ×	14 ×	15 ○	16 ○	17 ×	18 ○	19 ○	20 ×
21 ×	22 ○	23 ×	24 ○	25 ×	26 ○	27 ×	28 ○	29 ○	30 ○
31 ×	32 ×	33 ○	34 ○	35 ○	36 ×	37 ×	38 ○	39 ×	40 ○
41 ○	42 ×	43 ○	44 ○	45 ○	46 ×	47 ×	48 ○	49 ○	50 ×

안전사고의 예방 및 응급조치

※ 맞으면 ○, 틀리면 ×표 하세요.

01 총기에 실탄이나 공포탄을 장전하여서는 아니된다. (○, ×)

02 총포를 총집에 넣거나 포장하지 아니하고 운반한 경우 처벌은 과태료 300만원 이하이다. (○, ×)

03 총포 또는 석궁을 정당한 사유 없이 사용한 경우 처벌은 1년 이하의 징역 또는 500만원 이하의 벌금이다. (○, ×)

04 총포소지허가를 받은 자가 총기를 임의 개조한 경우 처벌은 2년 이하의 징역 또는 500만원 이하의 벌금이다. (○, ×)

05 총포 또는 석궁을 정당한 목적 외의 사유로 운반한 경우 처벌은 300만원 이하의 벌금이다. (○, ×)

06 총포는 사격경기용이라도 유해야생동물 포획허가만 있으면 사용가능하다. (○, ×)

07 총기의 용도는 소지허가를 받은 후 본인이 지정한다. (○, ×)

08 총기는 정당한 사유가 있는 경우 외에는 소지·사용할 수 없다. (○, ×)

09 휴대 시 외에는 실탄을 장전 하여서는 아니된다. (○, ×)

10 수렵총기를 정당한 사유 없이 운반하였을 때 벌칙은 300만원 이하의 과태료이다. (○, ×)

11 수렵총기를 허가받은 용도에 사용하지 않았을 때의 벌칙은 2년 이하의 징역 또는 300만원 이하의 벌금이다. (○, ×)

12 공기총 소지허가를 받은 경우 조준경을 허가 없이 부착할 수 있다. (○, ×)

13 소음기 조준경은 총포의 부품이 아니다. (○, ×)

14 수렵용 엽총산탄의 경우 수렵총기 소지허가를 받은 사람은 허가없이 일정량 소지할 수 있다. (○, ×)

15 당해 총포 또는 석궁의 소지허가를 받은 사람에게만 양도가 가능하다. (○, ×)

16 허가 없이 양도·양수하거나 빌려주거나 빌리는 행위 모두 금지된다. (○, ×)

17 수렵기간이 종료되어 총기를 허가관청이 지정하는 장소에 보관하지 않은 경우 처벌은 5년 이하의 징역 또는 1천만원 이하의 벌금이다. (○, ×)

18 수렵총기 소지허가를 받은 경우 현행 법령상 허가 갱신기간은 3년이다. (○, ×)

19 허가관청은 보관된 총기의 소지허가 갱신을 유보할 수 있다. (○, ×)

20 총포 또는 석궁의 적정여부 검사절차는 대통령령으로 정한다. (O, X)

21 수렵을 하기 전에 지방경찰청장 또는 경찰서장으로부터 받아야 하는 교육의 유효 기간은 1년간이다. (O, X)

22 총포 관련 법령에 규정된 총포·석궁을 습득하였을 때 국가경찰관서에 신고해야하는 시간은 12시간 이내이다. (O, X)

23 총기로 밀렵을 하다가 경찰관에게 적발되어 총포소지허가에 대한 행정처분을 받을 경우에 소지자에게 해명의 기회를 주는 사전절차는 청문이다. (O, X)

24 총기를 경찰관서에 보관중인 사람의 총포소지허가 기재사항 변경 신고기간은 기재사항 변경 사유 발생일로부터 30일 이내이다. (O, X)

25 수렵용 화약 엽총의 소지허가를 받은 사람이 하루에 구입할 수 있는 실탄의 수량은 100발 이하이다. (O, X)

26 엽총 또는 석궁을 구입하고자 하는 사람이 소지허가증을 신청하는 관서는 주소지 관할 파출소이다. (O, X)

27 소지허가를 받지 아니하고 총포를 소지한 경우 처벌은 10년 이하 징역 또는 2천만원 이하 벌금이다. (O, X)

28 총포 또는 석궁을 허가를 받지 아니한 자에게 양도한 경우의 처벌은 5년 이하 징역 또는 1천만원 이하 벌금이다. (O, X)

29 총포 또는 석궁의 소지허가를 받은 사람이 준수사항을 위반한 경우 처벌은 300만원 이하의 과태료이다. (O, X)

30 총포 또는 석궁을 도난·분실시 신고하지 아니한 경우의 처벌은 200만원 이하의 과태료이다. (O, X)

31 총포 또는 석궁을 습득하고 24시간 이내에 신고하지 않은 경우의 처벌은 2년 이하 징역 또는 500만원 이하 벌금이다. (O, X)

32 개인 차량으로 운반 시에도 총집과 총기를 분리한다. (O, X)

33 압박지혈의 경우 손상된 곳과 심장 사이에서 뼈 가까이 지나는 곳의 동맥을 압박한다. (O, X)

34 완전기도폐쇄는 말을 할 수 없고 호흡이나 기침도 할 수 없다. (O, X)

35 인공호흡은 젖꼭지와 젖꼭지 사이 정중앙 밑에 있는 명치를 압박한다. (O, X)

36 의식이 돌아왔다가 다시 없어진 환자의 경우 의식이 돌아올 때까지 계속 말을 건다. (O, X)

37 인공호흡을 하는 동안 구조자는 숨을 참는다. (O, X)

38 동상은 상대적으로 통증이 약하다. (O, ×)

39 농약 등 독극물을 삼켰을 경우 구토를 유발시킨다. (O, ×)

40 뱀에 물렸을 경우 상처부위에서 몸에 가까운 쪽을 압박한다. (O, ×)

41 대퇴부 골절은 뼈를 연결하는 인대와 관절낭이 파손된 상태다. (O, ×)

42 구조자는 자신의 위험을 무릅쓰고 헌신적으로 조치한다. (O, ×)

43 환자의 손상에 대한 처치는 불확실하더라도 우선 조치한다. (O, ×)

44 환자가 목마름을 느낄 때 물을 섭취하게 한다. (O, ×)

45 출혈이 소량이면 심장에 대한 처치를 먼저 시행한다. (O, ×)

46 심폐소생술은 호흡기를 압박하여 의식을 회복시키는 응급조치이다. (O, ×)

47 골절 부위에 소염제를 바르고 마사지한다. (O, ×)

48 다친 슬개골은 부어오를 수 있으므로 꼭 동여 맨다. (O, ×)

49 출혈부위 직접압박으로 안 되면 혈관압박을 병행한다. (O, ×)

50 저체온증은 체온이 35℃ 이하인 경우를 말한다. (O, ×)

ANSWER										
01 O	02 O	03 X	04 O	05 X	06 X	07 X	08 O	09 X	10 O
11 X	12 O	13 X	14 O	15 O	16 O	17 O	18 O	19 O	20 X
21 O	22 X	23 O	24 O	25 O	26 X	27 O	28 O	29 O	30 X
31 O	32 O	33 X	34 O	35 X	36 X	37 X	38 O	39 O	40 O
41 X	42 X	43 X	44 X	45 O	46 X	47 X	48 X	49 O	50 O

부록

적중 TOP 수렵면허 기출 유형별 핵심 총정리

초판인쇄 2021년 12월 22일
초판발행 2021년 12월 29일

지은이 | 수렵면허 연구회
펴낸이 | 노소영
펴낸곳 | 도서출판 마지원

등록번호 | 제559-2016-000004
전화 | 031)855-7995
팩스 | 02)2602-7995
주소 | 서울 강서구 마곡중앙로 171

http://blog.naver.com/wolsongbook

ISBN | 979-11-88127-95-5 (13550)

정가 20,000원

좋은 출판사가 좋은 책을 만듭니다.
도서출판 마지원은 진실된 마음으로 책을 만드는 출판사입니다.
항상 독자 여러분과 함께 하겠습니다.